U0317243

中等职业教育示范专业规划教材

模 具 概 论

主编　王昌福
参编　张　莉　许　剑　冯开华　陈　琛
主审　任国兴

机械工业出版社

本书以介绍模具的概念及作用、模具的分类、我国模具的发展现状、模具行业的发展趋势为基础，围绕着模具设计与模具制造两大主题，在冲压成形模具方面以冲裁模具为主，系统详细地阐述了冲裁模具、弯曲模具、拉深模具的成形过程与特点，以及典型模具的结构；在塑料成型模具中以注射成型模具为主，阐述了注射成型模具、压缩成型模具、压注成型模具、挤出成型模具、中空成型模具的成型工艺以及典型模具结构。与此对应，在模具制造方面，从模具制造的基础知识入手，介绍了模具制造的常用加工技术，并以冲裁模和塑料注射模为主，系统详细地阐述了模具典型零件的加工工艺、装配和调试方法，以及常用的模具保养与维护方法。为了使读者较容易掌握本书的各个知识点，本书在各个重要章节前都增加了基础知识章节，并用典型的例题、清晰的图表讲解各个知识点。此外，本书又介绍了金属压铸模具、锻造模具、玻璃模具和橡胶模具的成型原理及典型模具结构。

本书是中等职业学校或技工类学校数控专业用教材，也可用作中等职业学校或技工类学校机械相关专业选修课教材。本书对从事数控加工、模具设计与制造工作的工程技术人员也有很好的参考价值。

图书在版编目（CIP）数据

模具概论/王昌福主编 . —北京：机械工业出版社，2008.4（2013.7 重印）
中等职业教育示范专业规划教材
ISBN 978-7-111-23756-3

Ⅰ. 模… Ⅱ. 王… Ⅲ. 模具–专业学校–教材 Ⅳ. TG76

中国版本图书馆 CIP 数据核字（2008）第 036911 号

机械工业出版社（北京市百万庄大街 22 号 邮政编码 100037）
责任编辑：汪光灿 版式设计：霍永明 责任校对：张 媛
封面设计：陈 沛 责任印制：乔 宇
北京机工印刷厂印刷（三河市南杨庄国丰装订厂装订）
2013 年 7 月第 1 版第 4 次印刷
184mm×260mm · 11.5 印张 · 281 千字
9 001—11 000 册
标准书号：ISBN 978-7-111-23756-3
定价：24.00 元

前　言

本书是根据现阶段数控技术应用专业培养方案的指导思想和最新的教学计划，以及我们多年来在中等职业学校讲授本课程的实际体会编写而成的。

本教材主要适用于中等职业学校、中等专科学校数控专业的教学，以及机械相关专业的选修课程教学。针对中等职业学校理论教学时数少、学生基础知识较薄弱、实用性要求高的特点，在内容选择上，注重知识涵盖面广，使读者能准确而全面地了解模具专业相关知识；在难易度的把握上，删减了大量不必要的计算公式和方法，而把重点放在了各种模具的成形原理、典型模具结构和典型零件的制造工艺上，并结合生产实例进行讲解，突出针对性和实用性。

本书包括绪论部分共 12 章，知识涵盖模具设计、模具制造、模具使用及维护。具体内容包括：绪论、冲压模具基础知识、冲裁模具、弯曲模、拉深模、塑料与塑料模的分类、塑料注射模具、其他塑料成型模具、模具制造的基础知识、模具制造的常用制造技术、模具的制造与维护、压铸模与其他模具。绪论部分主要是介绍模具的基本概念、作用、分类、发展现状和趋势，让读者初步了解和认识模具，约需 2 学时；第一章至第四章以冲裁模具为主介绍冲压模具设计知识，约需 18 学时；第五章至第七章以塑料注射成型为主介绍各种塑料成型模具，约需 18 学时；第八章至第十章介绍的模具制造和维护，约需 14 学时；第十一章主要是为了拓宽读者的知识面，而增加的其他常用模具的成型原理，约需 10 学时；由此，本书可以分成以上 5 部分，不同专业可根据需要灵活选用。

本书绪论、第一章、二章、五章、六章、十一章由王昌福编写，第三章由冯开华编写，第四章由陈琛编写，第七章由许剑编写，第八章、九章、十章由张莉编写。王昌福负责全书统稿。

在本书编写过程中，徐州机电工程高等职业学校的领导及同事们给我们以很大的鼓励和支持；任国兴教授详细审阅了书稿，提出了中肯的修改意见，作者在此一并表示衷心的感谢。

由于编者水平有限，书中错误和疏漏之处难免，恳望有关专家和读者不吝赐教。

编　者

2007 年 12 月

目　　录

绪　　论

学习要求：了解模具的概念及其在国民经济发展中起到的重要作用；了解模具的分类方法和各种模具的成型特点；掌握我国模具行业的发展现状，以及模具产业的发展方向。

学习重点：我国模具行业的发展现状以及模具产业的发展方向。

一、模具的概念及作用

1. 模具的概念

模具是由机械零件构成的，在与相应的压力成形机械（如压力机、塑料注射机、压铸机等）相配合时，可直接改变金属或非金属材料的形状、尺寸、相对位置和性质，使之成形为合格制件或半成品的成形工具。图 0-1 为注射模具的应用实例。

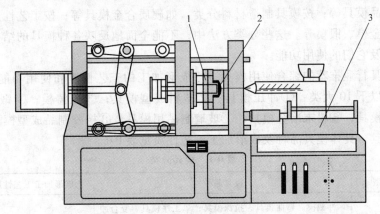

图 0-1　注塑模具应用实例

1—模具　2—塑料制件　3—注塑机

2. 模具在国民经济中的重要地位

在现代工业生产中，模具是成形制品或部件生产的重要工艺装备，由于采用模具进行生产能提高生产效率、节约原材料、降低生产成本，并能保证零件的加工质量，所以，从航空、航天、汽车、轻工、医疗器械、建筑等行业的零部件生产，到计算机及各种家用电器的生产，乃至人们的日常生活用品，几乎各行各业都有模具生产的制品和零部件。

据统计，利用模具制造出的零件，在飞机、汽车、拖拉机、电机电器、仪器仪表等机电产品中占 60% ~ 70%；在电视机、录音机、计算机等电子产品中占 80% 以上；在手表、洗衣机、电冰箱和电风扇等轻工产品中占 85% 以上。

另外，模具具有"一模一样"的特点，也就是说产品的种类、形状、尺寸、精度要求不同，模具就不同。随着工业生产的发展，特别是近几年，工业产品的品种和数量不断增加，换型加快，对产品质量、式样和外观等也不断提出新的要求，使模具的需要量相应地增加，对模具质量的要求也越来越高，模具技术在国民经济中的作用将显得更为重要。

模具工业的潜力很大，具有广阔的前景。因此，工业先进国家都十分重视模具技术的开发。众所周知，二次大战后，日本和德国受到的打击都较为严重，经济生产几乎瘫痪，但短短几十年的发展，这两个国家又跻身发达国家的行列。究其原因，模具技术的发展起到了重要作用。特别是近年来日本的汽车、手表、家用电器、手机等产品的产量猛增，而且品种繁多，在国际市场上占有一定的优势，其重要原因之一就是模具技术的高度发展，它在提高模具质量和缩短制造周期上都比别的国家略胜一筹。在日本，模具被誉为"进入富裕社会的原动力"。德国把模具称为"金属加工业中的帝王"。

可以断言，随着工业生产的迅速发展，模具工业在国民工业中的地位将日益提高。模具技术的发展，对加速国民经济发展将作出更大贡献。

二、模具的分类

科学地对模具进行分类，对于有计划地发展模具工业，系统地研究和开发模具生产技术，研究和制订模具技术标准，实现专业化生产，具有重要的技术经济意义。

模具分类方法很多，过去常使用的有：按模具结构形式分类，如单工序模、复合模等；按使用对象分类，如汽车覆盖件模具、电机模具等；按加工材料性质分类，如金属制品用模具、非金属制品模具等；按模具制造材料分类，如硬质合金模具等；按工艺性质分类，如拉深模、粉末冶金模、锻模等。这些分类方法中，不能全面地反映各种模具的结构和成形加工工艺的特点以及它们的使用功能。

按我国模具行业推荐的综合使用模具进行成形加工的工艺性质和使用功能的分类方法，可将模具分为以下 10 大类：①冲压模具；②塑料成型模具；③压铸模；④锻造成形模具；⑤铸造用金属模具；⑥粉末冶金模具；⑦玻璃制品用模具；⑧橡胶制品成型模具；⑨陶瓷模具；⑩简易模具。具体模具品种及成形加工工艺性质见表 0-1。

表 0-1 模具分类

序号	模具类型	模具品种	成形加工工艺性质及使用对象
1	冲压模具（冲模）	冲裁模、弯曲模具、拉深模具；单工序模、复合冲模、级进冲模；汽车覆盖件冲模、组合冲模、电机硅钢片冲模	板材冲压成形
2	塑料成型模具	压塑模具、挤塑模具、注射模具；热固性塑料注射模具、挤出成形模具、发泡成形模具、低刀具工具泡注射成形模具、吹塑成形模具等	塑料制品成形工艺，包括热固性和热塑性塑料
3	压铸模	热室压铸机用压铸模、立式冷室压铸机用压铸模、卧式冷室压铸机用压铸模、全立式压铸机用压铸模、有色金属压铸模、黑色金属压铸模	有色金属与黑色金属压力铸造成形工艺
4	锻造成形模具	模锻和大型压力机用锻模、螺旋压力机用锻模、平锻机锻模、辊锻模等；各种紧固件冷镦模、挤压模具、拉丝模具、液态锻造用模具等	金属零件成形，采用锻压、挤压
5	铸造用金属模具	各种金属零件铸造时采用的金属模型：成形模、手动模、机动模	金属浇铸成型工艺
6	粉末冶金模具	整形模、手动模、机动模等	粉末制品压坯的压制成型工艺

序号	模具类型	模具品种	成形加工工艺性质及使用对象
7	玻璃制品模具	吹-吹法成型瓶罐模具、压-吹法成型瓶罐模具、玻璃器皿用模具等	玻璃制品成型工艺
8	橡胶成型模具	橡胶制品的压胶模、挤胶模、注射模；橡胶轮胎模、"O"形密封圈橡胶模等	橡胶压制成型工艺
9	陶瓷模具	各种陶瓷器皿等制品用的成型金属模具	陶瓷制品成型工艺
10	经济模具（简易模具）	低熔点合金成形模具、薄板冲模、叠层冲模、硅橡胶模、环氧树脂模、陶瓷型精铸模、叠层型腔塑料模、快速电铸成形模等	适用多品种少批量工业产品用模具，有很高经济价值

三、我国模具行业的发展现状

现代模具工业有"不衰亡工业"之称。世界模具市场总体上供不应求，市场需求量维持在 600~650 亿美元。中国模具产业总产值一直保持 20% 的年增长率，我国模具销售额已经从 1995 年的 140 多亿，增长到 2006 年的 700 多亿元，名列日本、美国之后，居世界第三位。单就汽车产业而言，一个型号的汽车所需模具达几千副，价值上亿元，而当汽车更换车型时约有 80% 的模具需要更换。2003 年中国汽车产销量均突破 400 万辆，2004 年汽车产销量突破 500 万辆，其中轿车产量将达到 260 万辆。另外，电子和通信产品对模具的需求也非常大，在发达国家往往占到模具市场总量的 20% 之多。

据不完全统计，我国目前共有生产模具的厂家约 2 万多家，其中一半以上是自产自用的，而且绝大部分都是小型企业。近年来，模具行业结构调整和体制改革步伐加快，主要表现为：大型、精密、复杂、长寿命等中高档模具及模具标准件发展速度快于一般模具产品；塑料模和压铸模比例增大；专业模具厂数量增加较快，其能力提高显著；"三资"及私营企业发展迅速，尤其是"三资"企业目前已成为行业的主力军；股份制改造步伐加快等。从地区分布来说，以珠江三角洲和长江三角洲为中心的东南沿海地区发展快于中西部地区，南方的发展快于北方。目前，发展最快、模具生产最为集中的省份是广东和浙江，这两个省的模具产值已占全国总量的 6 成以上。江苏、上海、山东、安徽等地目前发展态势也很好。

我国要从模具大国成为真正的模具强国，仍然任重道远，我国的模具设计和制造水平在总体上要比工业发达国家落后许多。由于历史原因形成的封闭式、"大而全"的企业特征，我国大部分企业均设有模具车间，处于本厂的配套地位，自 20 世纪 70 年代末才有了模具工业化和生产专业化这个概念。模具工业主要生产能力分散在各部门主要产品厂内的工模具车间，所生产的模具基本自产自用。据粗略估计，产品厂的模具生产能力占全国模具生产能力的 75%，他们的装备水平较好，技术力量较强，生产潜力较大，但主要为本厂产品服务，与市场联系较少，经营机制不灵活，不能发挥人力物力的潜力。模具专业厂全国只有二百家左右，商品模具只占总数的 20% 左右，模具标准件的商品率也不到 20%。由于受旧管理体制的影响较深，缺乏统筹规划和组织协调，存在着"中而全"、"小而全"的结构缺陷，生产效率不高，经济效益较差。

现代工业的发展要求各行各业产品更新换代快，对模具的需求量加大。一般模具国内可以自行制造，但很多大型复杂、精密和长寿命的级进模、大型精密塑料模、复杂压铸模和汽车覆盖件模等仍需依靠进口。近年来，模具进口量已超过国内生产的商品模具的总销售量。为了推进社会主义现代化建设，适应国民经济各部门发展的需要，我国模具工业面临着进一步技术结构调整和加速国产化的繁重任务。

1. 模具工业产品结构的现状

按照中国模具工业协会的划分，我国模具基本分为十大类，其中，冲压模和塑料成型模两大类占主要部分。按产值计算，目前我国冲压模占 50% 左右，塑料成型模约占 20%，拉丝模（工具）约占 10%，而世界上发达工业国家和地区的塑料成型模比例一般占全部模具产值的 40% 以上。

我国冲压模大多为简单模、单工序模和复合模等，精冲模、精密多工位级进模还为数不多，模具平均寿命不足 100 万次，模具最高寿命达到 1 亿次以上，精度达到 3 ~ 5 μm，有 50 个以上的级进工位，与国际上最高模具寿命 6 亿次，平均模具寿命 5000 万次相比，处于 20 世纪 80 年代中期国际先进水平。

我国的塑料成型模具设计，制作技术起步较晚，整体水平还较低。目前单型腔、简单型腔的模具达 70% 以上，仍占主导地位。一模多腔精密复杂的塑料注射模，多色塑料注射模已经能初步设计和制造。模具平均寿命约为 80 万次左右，主要差距是模具零件变形大、溢边毛刺大、表面质量差、模具型腔冲蚀和腐蚀严重、模具排气不畅和型腔易损等，注射模精度已达到 5 μm 以下，最高寿命已突破 2000 万次，型腔数量已超过 100 腔，达到了 20 世纪 80 年代中期至 20 世纪 90 年代初期的国际先进水平。

2. 模具工业技术结构现状

我国模具工业目前技术水平参差不齐，悬殊较大。从总体上来讲，与发达工业国家相比，还有较大的差距，主要表现在以下两方面。

1）在采用 CAD/CAM/CAE/CAPP 等技术设计与制造模具方面，无论是应用的广泛性，还是技术水平上都存在很大的差距。在应用 CAD 技术设计模具方面，仅有约 10% 的模具在设计中采用了 CAD，距抛开绘图板还有漫长的一段路要走；在应用 CAE 进行模具方案设计和分析计算方面，也才刚刚起步，大多还处于试用和动画游戏阶段；在应用 CAM 技术制造模具方面，一是缺乏先进适用的制造装备，二是现有的工艺设备（包括近 10 多年来引进的先进设备）或因计算机制式（IBM 微机及其兼容机、HP 工作站等）不同，或因字节差异、运算速度差异、抗电磁干扰能力差异等，联网率较低，只有 5% 左右的模具制造设备近年来才开展这项工作；在应用 CAPP 技术进行工艺规划方面，基本上处于空白状态，需要进行大量的标准化基础工作；在模具共性工艺技术，如模具快速成形技术、抛光技术、电铸成型技术、表面处理技术等方面的 CAD/CAM 技术应用在我国才刚起步。计算机辅助技术的软件开发，尚处于较低水平，需要知识和经验的积累。我国大部分模具厂、车间的模具加工设备陈旧，在役期长，精度差，效率低，至今仍在使用普通的锻、车、铣、刨、钻、磨设备加工模具，热处理加工仍在使用盐浴、箱式炉，操作凭工人的经验，设备简陋，能耗高。设备更新速度缓慢，技术改造、技术进步力度不大。虽然近年来也引进了不少先进的模具加工设备，但过于分散，或不配套，利用率一般仅有 25% 左右，设备的一些先进功能也未能得到充分发挥。

2）缺乏技术素质较高的模具设计、制造工艺技术人员和技术工人，尤其缺乏知识面宽、知识结构层次高的复合型人才。中国模具行业中的技术人员，只占从业人员的 8% ~ 12%，且技术人员和技术工人的总体技术水平也较低。1980 年以前从业的技术人员和技术工人知识老化，知识结构不能适应现在的需要；而 1980 年以后从业的人员，专业知识、经验匮乏，动手能力差，不安心，不愿学技术。近年来人才外流不仅造成人才数量与素质水平下降，而且人才结构也出现了新的断层，青黄不接，使得模具设计、制造的技术水平难以提高。

3. 模具工业配套材料、标准件结构现状

近 10 多年来，特别是"八五"以来，国家有关部委已多次组织有关材料研究所、大专院校和钢铁企业，研究和开发模具专用系列钢种、模具专用硬质合金及其他模具加工的专用工具、辅助材料等，并有所推广。但因材料的质量不够稳定，缺乏必要的试验条件和试验数据，规格品种较少，大型模具和特种模具所需的钢材及规格还有缺口。在钢材供应上，解决用户的零星用量与钢厂的批量生产的供需矛盾，尚未得到有效的解决。另外，国外模具钢材近年来相继在国内建立了销售网点，但因渠道不畅、技术服务支撑薄弱及价格偏高、外汇结算制度等因素的影响，目前推广应用不多。

模具加工的辅助材料和专用技术近年来虽有所推广应用，但未形成成熟的生产技术，大多仍还处于试验摸索阶段，如模具表面涂层技术、模具表面热处理技术、模具导向副润滑技术、模具型腔传感技术及润滑技术、模具去应力技术、模具抗疲劳及防腐技术等尚未完全形成生产力，走向商品化。一些关键、重要的技术也还缺少知识产权的保护。

我国的模具标准件生产，20 世纪 80 年代初才形成小规模生产，模具标准化程度及标准件的使用覆盖面约占 20%，从市场上能配到的也只有约 30 个品种，且仅限于中小规格。标准凸凹模、热流道元件等刚刚开始供应，模架及零件生产供应渠道不畅，精度和质量也较差。

4. 模具工业产业组织结构现状

我国的模具工业相对较落后，至今仍不能称其为一个独立的行业。我国目前的模具生产企业可划分为四大类：专业模具厂，专业生产外供模具；产品厂的模具分厂或车间，以供给本产品厂所需的模具为主要任务；三资企业的模具分厂，其组织模式与专业模具厂相类似，以小而专为主；乡镇模具企业，与专业模具厂相类似。其中以第一类数量最多，模具产量约占总产量的 70% 以上。我国的模具行业管理体制分散。目前有 19 个大行业部门制造和使用模具，没有统一管理的部门。仅靠中国模具工业协会统筹规划，集中攻关，跨行业，跨部门管理困难很多。

模具适宜于中小型企业组织生产，而我国技术改造投资向大中型企业倾斜时，中小型模具企业的投资得不到保证。包括产品厂的模具车间、分厂在内，技术改造后不能很快收回其投资，甚至负债累累，影响发展。

我国模具价格长期以来同其价值不协调，造成模具行业"自身经济效益小，社会效益大"的现象。"干模具的不如干模具标准件的，干标准件的不如干模具带件生产的。干带件生产的不如用模具加工产品的"之类不正常现象存在，极大地挫伤了模具企业（包括模具车间和分厂）职工的积极性。这也是模具行业留不住人才、青年技术人员和青年工人不愿学技术的原因之一。

四、模具的发展趋势

1. 模具 CAD/CAE/CAM 正向集成化、三维化、智能化和网络化方向发展

（1）模具软件功能集成 模具软件功能的集成化要求软件的功能模块比较齐全，同时各功能模块采用同一数据模型，以实现信息的综合管理与共享，从而支持模具设计、制造、装配、检验、测试及生产管理的全过程，达到实现最佳效益的目的。如英国 Delcam 公司的系列化软件就包括了曲面/实体几何造型、复杂形体工程制图、工业设计高级渲染、塑料模设计专家系统、复杂形体 CAM、艺术造型及雕刻自动编程系统、逆向工程系统及复杂形体在线测量系统等。集成化程度较高的软件还包括 Pro/ENGINEER、UG 和 CATIA 等。国内有上海交通大学金属塑性成型有限元分析系统和冲裁模 CAD/CAM 系统；北京北航海尔软件有限公司的 CAXA 系列软件；吉林金网格模具工程研究中心的冲压模 CAD/CAE/CAM 系统等。

（2）模具设计、分析及制造的三维化 传统的二维模具结构设计已越来越不适应现代化生产和集成化技术要求。模具设计、分析、制造的三维化、无纸化要求新一代模具软件以立体的、直观的感觉来设计模具，所采用的三维数字化模型能方便地用于产品结构的 CAE 分析、模具可制造性评价和数控加工、成形过程模拟及信息的管理与共享。如 Pro/ENGI-NEER、UG 和 CATIA 等软件具备参数化、基于特征、全相关等特点，从而使模具并行工程成为可能。另外，Cimatran 公司的 Moldexpert，Delcam 公司的 Ps-mold 及日立造船的 Space-E/mold 均是 3D 专业注塑模设计软件，可进行交互式 3D 型腔、型芯设计、模架配置及典型结构设计。澳大利亚 Moldflow 公司的三维真实感流动模拟软件 Moldflow Advisers 已经受到用户广泛的好评和应用。国内有华中理工大学研制的同类软件 HSC3D4.5F 及郑州工业大学的Z-mold 软件。面向制造、基于知识的智能化功能是衡量模具软件先进性和实用性的重要标志之一。如 Cimatron 公司的注塑模专家软件能根据脱模方向自动产生分型线和分型面，生成与制品相对应的型芯和型腔，实现模架零件的全相关，自动产生材料明细表和供 NC 加工的钻孔表格，并能进行智能化加工参数设定、加工结果校验等。

（3）模具软件应用的网络化趋势 随着模具在企业竞争、合作、生产和管理等方面的全球化、国际化，以及计算机软硬件技术的迅速发展，网络使得在模具行业应用虚拟设计、敏捷制造技术既有必要，也有可能。美国在其《21 世纪制造企业战略》中指出，到 2006 年要实现汽车工业敏捷生产/虚拟工程方案，使汽车开发周期从 40 个月缩短到 4 个月。

2. 模具检测、加工设备向精密、高效和多功能方向发展

（1）模具检测设备的日益精密、高效 精密、复杂、大型模具的发展，对检测设备的要求越来越高。现在精密模具的精度已达 $2 \sim 3\mu m$，目前国内厂家使用较多的有意大利、美国、日本等国的高精度三坐标测量机，并具有数字化扫描功能。如东风汽车模具厂不仅拥有意大利产 3250mm × 3250mm 三坐标测量机，还拥有数码摄影光学扫描仪，率先在国内采用数码摄影、光学扫描作为空间三维信息的获得手段，从而实现了从测量实物→建立数学模型→输出工程图样→模具制造全过程，成功实现了逆向工程技术的开发和应用。这方面的设备还包括：英国雷尼绍公司第二代高速扫描仪（CYCLON SERIES2）可实现激光测头和接触式测头优势互补，激光扫描精度为 0.05mm，接触式测头扫描精度达 0.02mm。另外，德国GOM 公司的 ATOS 便携式扫描仪，日本罗兰公司的 PIX—30、PIX—4 台式扫描仪和英国泰勒·霍普森公司的 TALYSCAN150 多传感三维扫描仪分别具有高速化、廉价化和功能复合化等特点。

（2）数控电火花加工机床 日本沙迪克公司采用直线电动机伺服驱动 AQ550LLS-WEDM、AQ325L 具有驱动反应快、传动及定位精度高、热变形小等优点。瑞士夏米尔公司

的 NCEDM 具有 P-E3 自适应控制、PCE 能量控制及自动编程专家系统。另外，有些 EDM 还采用了混粉加工工艺、微精加工脉冲电源及模糊控制（FC）等技术。

（3）高速铣削机床（HSM） 铣削加工是型腔模具加工的重要手段。而高速铣削具有工件温升低、切削力小、加工平稳、加工质量好、加工效率高（为普通铣削加工的 5～10 倍）及可加工硬材料（<60HRC）等诸多优点，因而在模具加工中日益受到重视。瑞士克朗公司 UCP710 型五轴联动加工中心，其机床定位精度可达 8μm，自制的具有矢量闭环控制电主轴，最大转速为 42000r/min。意大利 RAMBAUDI 公司的高速铣床，其加工范围可以达到 2500mm × 5000mm × 1800mm，转速可以达到 25000r/min，切削进给速度达 20m/min。HSM 一般主要用于大、中型模具加工，如汽车覆盖件模具、压铸模、大型塑料等曲面加工，其曲面加工精度可达 0.01mm。

3. 快速经济制模技术

缩短产品开发周期是赢得市场竞争的有效手段之一。与传统模具加工技术相比，快速经济制模技术具有制模周期短、成本较低的特点，精度和寿命又能满足生产需求，是综合经济效益比较显著的模具制造技术，具体主要有以下一些技术。

1）快速原型制造技术（RPM）。它包括激光立体光刻技术（SLA）、叠层轮廓制造技术（LOM）、激光粉末选区烧结成形技术（SLS）、熔融沉积成形技术（FDM）和三维印刷成形技术（3D-P）等。

2）表面成形制模技术。它是指利用喷涂、电铸和化学腐蚀等新的工艺方法形成型腔表面及精细花纹的一种工艺技术。

3）浇铸成型制模技术。它主要有铋锡合金制模技术、锌基合金制模技术、树脂复合成型模具技术及硅橡胶制模技术等。

4）冷挤压及超塑成型制模技术。

5）无模多点成形技术。

6）KEVRON 钢带冲裁落料制模技术。

7）模具毛坯快速制造技术。它主要有干砂实型铸造、负压实型铸造、树脂砂实型铸造及失蜡精铸等技术。

8）其他方面技术，如采用氮气弹簧压边、卸料、快速换模技术、冲压单元组合技术、刃口堆焊技术及实型铸造冲模刃口镶块技术等。

4. 模具材料及表面处理技术发展迅速

模具工业要上水平，材料应用是关键。因选材和用材不当，致使模具过早失效，大约占失效模具的 45% 以上。在模具材料方面，常用冷作模具钢有 CrWMn、Cr12、Cr12MoV 和 W6Mo5Cr4V2，火焰淬火钢（如日本的 AUX2、SX105V（7CrSiMnMoV））等；常用新型热作模具钢有美国 H13、瑞典 QRO80M、QRO90SUPREME 等；常用塑料模具用钢有预硬钢（如美国 P20）、时效硬化型钢（如美国 P21、日本 NAK55 等）、热处理硬化型钢（如美国 D2，日本 PD613、PD555，瑞典一胜白 136 等）、粉末模具钢（如日本 KAD18 和 KAS440）等；覆盖件拉延模常用 HT300、QT60-2、Mo-Cr、Mo-V 铸铁等，大型模架用 HT250。多工位精密冲模常采用钢结硬质合金及硬质合金 YG20 等。在模具表面处理方面，其主要趋势是：由渗入单一元素向多元素共渗、复合渗（如 TD 法）发展；由一般扩散向 CVD、PVD、PCVD、离子渗入、离子注入等方向发展；可采用的镀膜有 TiC、TiN、TiCN、TiAlN、CrN、Cr7C3、

W2C 等，同时热处理手段由大气热处理向真空热处理发展。另外，目前对激光强化、辉光离子氮化技术及电镀（刷镀）防腐强化等技术也日益受到重视。

5. 模具工业新工艺、新理念和新模式逐步得到了认同

在成形工艺方面，主要有冲压模具功能复合化、超塑性成形、塑性精密成形技术、塑料模气体辅助注射技术及热流道技术、高压注射成形技术等。另一方面，随着先进制造技术的不断发展和模具行业整体水平的提高，在模具行业出现了一些新的设计、生产、管理理念与模式。具体主要有：适应模具单件生产特点的柔性制造技术；创造最佳管理和效益的团队精神，精益生产；提高快速应变能力的并行工程、虚拟制造及全球敏捷制造、网络制造等新的生产哲理；广泛采用标准件通用件的分工协作生产模式；适应可持续发展和环保要求的绿色设计与制造等。

总之，进入 21 世纪，在经济全球化的新形势下，随着资本、技术和劳动力市场的重新整合，我国装备制造业在加入 WTO 以后，将成为世界装备制造业的基地。而在现代制造业中，无论哪一行业的工程装备，都越来越多地采用由模具工业提供的产品。为了适应用户对模具制造的高精度、短交货期、低成本的迫切要求，模具工业正广泛应用现代先进制造技术来加速模具工业的技术进步，满足各行各业对模具这一基础工艺装备的迫切需求。

思考与练习题

0-1 模具的概念是什么？在日常生产和生活中有哪些应用？

0-2 按使用模具进行成形加工的工艺性质和使用功能的分类方法，可以将模具分为哪些类？各类模具的成形特点是什么？

0-3 我国模具行业的发展存在哪些不足？

0-4 模具行业的发展趋势是什么？

0-5 快速制模技术有哪些特点？主要包括哪些技术？

第一章 冲压模具基础知识

学习要求：理解冲压及冲压模具的基本概念；掌握冲压加工基本工序的分类和特点；了解常用的冲压设备的分类和特点；掌握曲柄压力机的原理；掌握合理选择冲压设备的方法。

学习重点：冲压加工基本工序的分类和特点。

第一节 冲 压 模 具

一、冲压模具概述

1. 冲压的概念

在工业生产中，利用安装在冲压设备（主要指压力机）上的专用工具对金属或非金属材料施加压力，使其产生分离或塑性变形，从而获得所需要零件（俗称冲压件或冲件）的一种压力加工方法称为冲压。因为它通常是在常温下进行加工，而且主要采用板料来加工成所需零件，所以也叫冷冲压或板料冲压。

在冲压加工中，安装在冲压设备上的专用工具称为冲压模具。图1-1为多工位级进冲压模具。

冲模在冲压中至关重要，没有符合要求的冲模，批量冲压生产就难以进行；没有先进的冲模，先进的冲压工艺就无法实现。模具、冲压设备和合理的工艺条件构成冲压加工的三要素，它们之间的相互关系如图1-2所示。

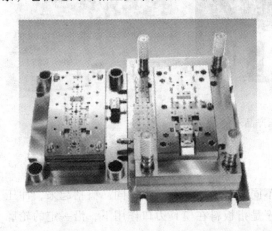

图1-1 多工位级进冲压模具

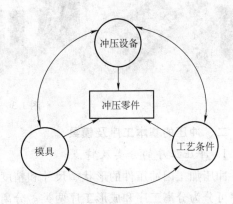

图1-2 冲压加工的要素

2. 冲压的特点及应用

与机械加工及塑性加工的其他方法相比，冲压加工无论在技术方面还是经济方面都具有许多独特的优点。其主要表现在以下几个方面：

1）生产率高，操作简单，便易实现生产的自动化，适用于大批量零件与制品的加工与制造。这是因为冲压是依靠冲模和冲压设备来完成加工的，一台普通压力机的行程次数为每分钟几十次，高速压力机每分钟可达数百次甚至千次以上，而且每次冲压行程就可能得到一个或者多个冲件。

2）冲压加工与普通的切削加工相比，一般没有切削碎料生成，材料的消耗较少，而且利用冷冲压所获得的零件一般不需要进一步加工，可一次成形。所以冲压加工是一种省料，节能的加工方法，冲压件的成本较低。

3）由于冷冲压所用原材料多是表面质量好的板料或带料，冲件的尺寸公差由冲模来保证，所以冲压零件表面光洁，尺寸精度稳定，互换性好。

4）冲压可加工出尺寸范围较大、形状较复杂的零件，比如小到钟表的秒针，大到汽车纵梁、覆盖件等。

但是，冲压生产必须具备相应的冲模，而冲压加工所使用的模具一般具有专用性，即具有"一模一样"的特征，有时一个复杂零件需要数套模具才能加工成形；且模具制造属于单件小批量生产，精度高，技术要求高，是技术密集型产品。所以，在一般情况下，只有在产品生产批量大的情况下，才能得到较高的经济效益。

综上所述，冲压与其他加工方法相比，具有独到的特点，所以在工业生产中，特别是批量生产中应用十分广泛。相当多的工业部门越来越多地采用冲压方法加工产品零部件，如汽车、农机、电器、仪表、电子、国防以及日用品等行业（冲压成型产品示例见图 1-3）。据统计在电子产品中，冲压件约占 80%～85%；在汽车、农业机械产品中，冲压件约占 75%～80%；在轻工产品中，冲压件约占 90% 以上。此外，在航空及航天工业生产中，冲压件也占有很大的比例。因此可以说，如果生产中不采用冲压工艺，许多工业部门要提高生产效率、提高产品质量、降低生产成本、进行产品更新换代等都是难以实现的。

图 1-3　冲压产品示例

二、冲压的基本工序及模具

1. 冲压工序的分类及特点

冲压加工因冲压件的形状、尺寸和精度的不同，所采用的工序也不同。概括起来，冲压工序可分为分离工序和成形工序两类。分离工序是指板料在模具刃口作用下，沿一定的轮廓线分离而获得冲压件的加工方法。分离工序主要有冲孔、落料、切断等，见表 1-1。

成形工序是指坯料在不破裂的条件下产生塑性变形而获得具有一定形状和尺寸的冲压件的加工方法。成形工序主要有弯曲、拉深、翻边、胀形等，见表 1-2。

在实际生产中，当冲压件的生产批量较大、尺寸较小而公差要求较小时，若用分散的单一工序来冲压是不经济甚至难于达到要求。这时在工艺上多采用工序集中的方案，即把两种或两种以上的单一工序集中在一副模具内完成，称为组合工序。根据工序组合的方法不同，又可将其分为复合、级进和复合-级进三种组合方式。

表 1-1　冲压分离工序

工序名称	工序简图	特　点
落料	废料　　零件	用冲模沿封闭线冲切板料，冲下来的部分为冲件
冲孔	零件　废料	用冲模沿封闭线冲切板料，冲下来的部分为废料
切断	零件	用剪刃或冲模切断板料，切断线不封闭
切口		在坯料上沿不封闭线冲出缺口，切口部分发生弯曲
切边		将工件的边缘部分切除
剖切		把工件切开成两个或多个零件

表 1-2　成形工序

工序名称	工序简图	特　　点
弯曲		将板料沿直线弯成一定的角度和曲率
拉弯		在拉力和弯距共同作用下实现弯曲变形
扭弯		把工件的一部分相对另一部分扭转成一定角度
拉深		把平板坯料制成开口空心件，壁厚基本不变
变薄拉深		把空心件进一步拉深成侧壁比底部薄的零件
翻孔		沿工件上孔的边缘翻出竖立边缘
翻边		沿工件的外缘翻起弧形的竖立边缘

（续）

工序名称	工序简图	特　点
胀形		将空心件或管状件沿径向往外扩张，形成局部直径较大的零件
起伏		依靠材料的伸长变形使工件形成局部凹陷或凸起
扩口		把空心件的口部扩大
缩口		把空心件的口部缩小
校平整形		将有拱弯或翘曲的平板形件压平，以提高其平面度
旋压		用滚轮使旋转状态下的坯料逐步成形为各种旋转体空心件

　　复合冲压——在压力机的一次工作行程中，在模具的同一工位上同时完成两种或两种以上不同单一工序的一种组合方式。

　　级进冲压——在压力机的一次工作行程中，按照一定的顺序在同一模具的不同一工位上完成两种或两种以上不同单一工序的一种组合方式。

复合-级进冲压——在一副冲模上包含复合和级进两种方式的组合工序。

2. 冲模的分类

冲压模具是冲压生产的主要工艺设备。冲压件的冲压质量、生产效率以及生产成本等都与模具类型及其结构设计有直接关系。冲压生产对模具结构的基本要求是：在保证冲出合格冲压件的前提下，不仅应与生产批量相适应，而且还要具有结构简单，操作方便、安全，使用寿命长，易于制造、维修，成本低廉等特点。

冲压模具的形式很多，一般可按以下几个主要特征分类：

（1）根据工艺性质分类

①　冲裁模　沿封闭或敞开的轮廓线使板料产生分离的模具，如落料模、冲孔模、切断模、切口模、切边模、剖切模等。

②　弯曲模　使板料沿着直线（曲线）产生弯曲变形，从而获得一定角度和形状的工件的模具。

③　拉深模　它是把板料制成开口空心件，或使空心件进一步改变形状和尺寸的模具。

④　其他成形模　它是将板料或工序件按凸、凹模的形状直接复制成形，面板料本身仅产生局部塑性变形的模具，如胀形模、缩口模、扩口模、起伏成形模、翻边模、整形模等。

（2）根据工序组合程度分类

①　单工序模　一般只有一对凸、凹模，在压力机的一次行程中，只完成一道冲压工序的模具。

②　复合模　只有一个工位，在压力机的一次行程中，在同一工位上完成两道或两道以上冲压工序的模具。

③　级进模　在条料的送进方向上，具有两个或更多的工位，在压力机的一次行程中，在不同的工位上连次完成两道或两道以上冲压工序的模具。

三、冲压的现状和发展动向

随着科学技术的不断进步和工业生产的迅猛发展，对冲压提出了越来越高的要求，因而也促进了冲压技术的迅速发展。

1. 冲压工艺方面

冲压成形理论的研究是提高冲压技术的基础。特别是随着计算机技术的飞跃发展和塑性变形理论的进一步完善，近年来国内外已开始应用塑性成形过程的计算机模拟技术，即利用有限元（FEM）等数值分析方法模拟金属的塑性成形过程，根据分析结果，设计人员可预测某一工艺方案成形的可行性及可能出现的质量问题，并通过在计算机上选择修改相关参数，可实现工艺及模具优化设计。这样既节省了昂贵的试模费用，也缩短了制模周期。提高劳动生产率及产品质量，降低成本和扩大冲压工艺应用范围的各种冲压新工艺，也是冲压技术的发展方向之一。目前，国内外相继涌现出了精密冲压工艺、软模成形工艺、高能高速成形工艺、超塑性成形工艺及无模多点成形工艺等精密、高效、经济的冲压新工艺。其中，精密冲裁是提高冲裁件质量的有效方法。它扩大了冲压加工范围，目前精密冲裁加工零件的厚度可达 25mm，精度可达 IT6 ~ IT7 级；用液体、橡胶、聚氨酯等作柔性凸模或凹模来代替刚性凸模或凹模的软模成形工艺，能加工出用普通加工方法难以加工的材料和复杂形状的零件，在特定生产条件下具有明显的经济效果；采用爆炸等高能高效成形方法对于加工各种尺寸大、形状复杂、批量小、强度高和精度要求较高的板料零件，具有很重要的实用意义；利用金属材料的超塑性进行超塑性成形，可以用一次成形代替多道普通的冲压成形工序，这对于加工形状复杂和大型板料零件具有突出的优越性；无模多点成形工艺是用高度可调的凸模群体代替传统模具进行板料曲面成形的一种先进工艺技术，我国已自主设计制造了具有国际领先水平的无模多点成形设备，解决了多点压机成形法，从而可随意改变变形路径与受力状态，提高了材料的成形极限，同时利用反复成形技术可消除材料内残余应力，实现无回弹成形。无模多点成形系统以 CAD/CAM/CAT 技术为主要手段，能快速经济地实现三维曲面的自动化成形。

2. 冲模方面

冲模是实现冲压生产的基本条件。在冲模的设计和制造上，目前正朝着以下两方面发展：一方面，为了适应高速、自动、精密、安全等大批量现代生产的需要。冲模正向高效率、高精度、高寿命及多工位、多功能方向发展，与此相适应的新型模具材料及其热表处理技术，各种高效、精密、数控、自动化的模具加工机床和检测设备以及模具 CAD/CAM 技术也正在迅速发展；另一方面，为了适应产品更新换代和试制或小批量生产的需要，锌基合金冲模、聚氨酯橡胶冲摸、薄板冲模、钢带冲模、组合冲模等各种简易冲模及其制造技术也得到了迅速发展。

精密、高效的多工位及多功能级进模和大型复杂的汽车覆盖件冲模代表了现代冲模的技术水平。目前，50 个工位以上的级进模步距精度可达 $2\mu m$，多功能级进模不仅可以完成冲压全过程，还可完成焊接、装配等工序。我国已能自行设计制造出达到国际水平的精密多工位级进冲摸，如某机电一体化的铁心精密自动化多功能缓进模，其主要零件的制造精度达 $2\sim5\mu m$，进距精度 $2\sim3\mu m$。总寿命达 1 亿次。我国主要汽车模具企业，已能生产成套轿车覆盖件模具，在设计制造方法、手段方面已基本达到了国际水平，模具结构、功能方面也接近国际水平，但在制造质量、精度、制造周期和成本方面与国外相比还存在一定差距。

模具材料及热处理与表面处理工艺对模具加工质量和寿命的影响很大，世界各主要工业国在此方面的研究取得了较大进展，开发了许多的新钢种。其硬度可达 58 ~ 70HRC。我国研制的 65Nb、LD1 和 CG2 等新钢种，具有热加工性能好、热处理变形小、抗冲击性能佳等特点。

模具的标准化和专业化生产，已得到模具行业的广泛重视。这是由于模具标准化是组织模具专业化生产的前提，而模具的专业化生产是提高模具质量、缩短模具制造周期、降低成本的关键。我国已经颁布了冷冲压术语、冷冲模零部件的国家标准。冲模的专业化生产正处于积极组织和实施之中。但总的来说，我国冲模的标准化和专业化水平还是比较低的。

模具的计算机辅助设计（CAD）与计算机辅助制造（CAM）也已引起国内外模具行业的极大重视。可以说，计算机辅助设计与制造是冲压工艺编制及冲模设计与制造走向全盘自动化的重大措施。由于采用了 CAD/CAM 技术，不仅使冲模设计和制造周期大为缩短，而且提高了质量。因而它的开发和应用已成为当前冲模乃至其他模具技术发展中引人注目的课属。在我国，一些大专院校、科研和企业单位正积极进行这方面的研究开发工作，并取得了一定的成果。可以预计，模具的 CAD/CAM 技术将会有较快的发展。

3. 冲压设备和冲压生产自动化方面

性能良好的冲压设备是提高冲压生产技术水平的基本条件。高精度、高寿命、高效率的冲模需要高精度、高自动化的压力机与之相匹配。目前，这方面主要是从两个方面予以研究和发展：一是对目前我国大量使用的普通冲压设备加以改进，即在普通压力机的基础上，加上进料装置和检测装置，以实现半自动化或全自动化生产，改进冲压设备结构，保证必要的刚度和精度，提高其工艺性能，以提高冲压件精度，延长冲模使用寿命；二是积极发展高速压力机和多工位自动压力机，开发数控压力机、冲压柔性制造系统（FMS）及各种专用压力机，以满足大批量生产的需要。

冲压生产的自动化是提高劳动生产率和改善劳动条件的有效措施。由于冷冲压操作简单，坯料和工序件形状比较规则，一致性好，所以容易实现生产的自动化。冲压生产的自动化包括原材料的输送、冲压工艺过程及检测、冲模的更换与安装、废料处理等各个环节，但最基本的是压力机自动化和冲模自动化。除了上述自动压力机和数控压力机之外，适用于各种条件下自动操作的通用装置和检测装置，如带料、条料或工序件的自动送料装置，自动出件与理件装置，送料位置和加工结果检测装置，安全保护装置等都是实现普通压力机和冲模自动化的基本装置。国内实际生产应用情况表明，这方面的水平正在不断提高。

第二节　冲压设备

冲压工作是将冲压模具安装在冲压设备（主要是指压力机）上进行的，因而模具的设计要与冲压设备的类型和主要规格相匹配，否则是不能工作的。正确选择冲压设备，关系到设备的安全使用、冲压工艺的顺利实施及冲压件的质量、生产效率、模具寿命等一系列重要问题。

目前在冲压生产中，常采用的冲压设备是曲柄压力机、摩擦压力机和液压机，而尤以曲柄压力机应用最为广泛。常用冲压设备的工作原理和特点见表1-3。

表1-3　常用冲压设备的工作原理和特点

类型	设备名称	工作原理	特　点
机械压力机	曲柄压力机	利用曲柄连杆机构进行工作，电动机通过带轮及齿轮带动曲轴传动，经连杆使滑块作直线往复运动。曲柄压力机分为偏心压力机和曲轴压力机，二者区别主要在主轴，前者主轴是偏心轴，后者主轴是曲轴。偏心压力机一般是开式压力机，而曲轴压力机有开式和闭式之分	生产率高，适用于各类冲压加工
	摩擦压力机	利用摩擦盘与飞轮之间相互接触并传递动力，借助螺杆与螺母相对运动原理而工作	结构简单，当超负荷时，只会引起飞轮与摩擦盘之间的滑动，而不致损坏机件。但飞轮缘磨损大，生产率低，适用于中小型件的冲压加工，对于校正、压印和成形等冲压工序尤为适宜
	高速冲床	工作原理与曲柄压力机相同，但其刚度、精度、行程次数都比较高，一般带有自动送料装置、安全检测装置等辅助装置	生产率很高，适用于大批量生产，模具一般采用多工位级进模
液压机	油压机	利用帕斯卡原理，以水或油为工作介质，采用静压力传递进行工作，使滑块上、下往复运动	压力大，而且是静压力，但生产率低，适用于拉深、挤压等成形工序
	水压机		

一、机械压力机的工作原理

1. 曲柄压力机的工作原理

图1-4为曲柄压力机传动系统示意图，曲柄压力机的传动是电动机1通过带2带动大带轮旋转，大带轮通过一对齿轮传动驱动曲柄旋转，曲柄通过连杆6带动滑块7做往复运动。其中离合器5主要作用是在电动机开动的条件下控制滑动的运动和停止。

曲柄轴心线与其上曲柄轴心偏移一个偏心距 r。连杆是连接曲柄和滑块的零件，连杆与曲柄用滑动轴承连接，连杆与滑块的连接是通过球头铰接的。因此，曲柄旋转时就使滑块作上下的往复直线运动，这就是曲柄连杆机构。曲柄连杆机构不但能使旋转运动变成往复直线运动，还能起力的放大作用，即增力作用，使滑块在最下位置时产生最大的压力。冲床铭牌上标明的公称压力是增力后的最大压力。

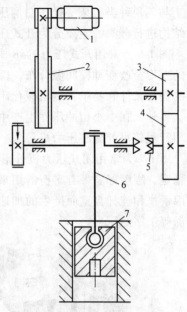

2. 摩擦压力机的工作原理

图1-5为摩擦压力机的机构简图。摩擦压力机的特点是通过螺旋传动来增力和改变运动形式的。通过操纵手柄13通过连杆7、10，操纵转轴4向左或向右移动。摩擦盘3和5之间的距离，略大于飞轮6的直径。转轴4由电动机1通过带传动而旋转，当其向左或向右移动时，摩擦盘3或5与飞轮6接触，利用摩擦力使飞轮6正向

图1-4　曲柄压力机传动系统示意图

1—电动机　2—带　3、4—齿轮
5—离合器　6—连杆　7—滑块

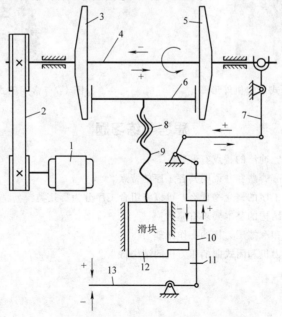

图1-5　摩擦压力机机构简图

1—电动机　2—带　3、5—摩擦盘　4—转轴　6—飞轮　7、10—连杆　8—螺母
9—螺杆　11—挡块　12—滑块　13—手柄

或反向旋转。螺杆9与螺母8使传动螺纹配合，于是滑块12被带动向上或向下作直线运动。向上为回行程，向下为工作行程。

二、曲柄压力机的种类

与其他种类机床一样，曲柄压力机的分类方法有很多种。最常见的分类方法是按照床身及结构进行分类，主要分为开式压力机和闭式压力机两种。

图 1-6 为常用开式压力机外形图，开式压力机虽然刚度不高，在较大冲压力的作用下床身的变形会改变冲模间隙分布，降低模具寿命和冲压件表面质量，但是由于它提供了极为方便的操作条件和易于安装机械化附属装置的特点，所以目前仍是中小型冲压件生产的主要设备。另外，在中小型冲压件生产中，若采用导板模或工作时要求导柱导套不脱离的模具，应选用行程较小的偏心压力机。

图 1-7 为常用闭式压力机外形图，闭式压力机通常采用立柱、横梁的闭式床身结构，结构稳定，刚度好。带有平衡器用来平衡压力机滑块和连杆的自重，使压力机工作平衡。为防止因滑块和连杆自重而产生的加速下落，压力机常附有气垫装置，用于下模的退料和弯曲、拉深等工序的压料。

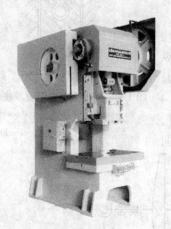

图 1-6　常用开式压力机外形图

图 1-7　常用闭式压力机外形图

思考与练习题

1-1　什么叫冲压工艺？冲压的特点有哪些？

1-2　冲压的基本工序有哪些？并说明其各工序的特点。

1-3　冲压工序中组合工序的概念是什么？可以将组合工序分为哪几类？

1-4　冲压生产对模具结构的基本要求有哪些？

1-5　简述曲柄压力机和摩擦压力机的工作原理。

1-6　简述开式曲柄压力机和闭式曲柄压力机的结构特点。

第二章 冲 裁 模 具

学习要求：了解影响冲裁质量的因素及提高冲裁质量的办法；了解合理选择冲裁间隙的方法；了解冲裁模具凸、凹模刃口尺寸计算方法；掌握典型冲裁模具结构及特点；掌握冲裁模具典型零件的结构。

学习重点：典型冲裁模具的结构和特点。

冲裁是指利用模具使材料产生互相分离的冲压工序，从广义上说，它包括切断、落料、冲孔、切边等工序。但一般来说，冲裁主要是指落料和冲孔工艺。从材料上沿封闭曲线相互分离，封闭曲线以内的部分作为冲裁件时，称为落料；而封闭曲线以外的部分作为冲裁件时，则称为冲孔。图 2-1 所示垫圈的生产即由冲孔和落料两道工序完成。

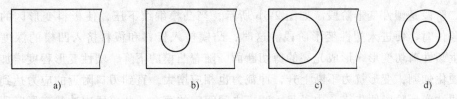

图 2-1 垫圈的落料与冲孔

a) 材料 b) 冲孔工序 c) 落料工序 d) 成品

冲裁是冲压工艺中最基本的工序之一，它既可直接冲出成品零件，又可为弯曲、拉探和成形等其他工序制备坯料，因此在冲压加工中应用非常广泛。根据变形机理不同，冲裁可以分为普通冲裁和精密冲裁两大类。普通冲裁是以凸、凹模之间产生剪切裂纹的形式实现板料的分离；精密冲裁是以塑性变形的形式实现板料的分离。精密冲裁冲出的零件不但断面垂直、光洁，而且精度也比较高，但一般需要专门的精冲设备及精冲模具。

普通冲裁的制件一般可以满足机械产品的使用要求，而且其模具结构简单，制造方便，因此，在生产中得到广泛应用。本章主要介绍普通冲裁工艺、模具设计与制造等内容。

第一节 冲裁过程分析及冲裁模间隙

一、冲裁过程分析

1. 冲裁的变形过程

图 2-2 为普通冲裁工作示意图。该模具有上模和下模两个部分，模柄 1 和凸模 2 通过螺钉连接的方式一起构成上模部分，下模部分由凹模 4 和下模座 5 构成。模具的上模部分安装在压力机的滑块上，可以随滑块一起作上下运动。下模部分固定在压力机的工作台上，在冲压过程中保持固定不动。

凸模和凹模具有与冲件轮廓相同的锋利刃口，且凹模孔口的直径比凸模的直径略大，使凸、凹模之间保持均匀合适的间隙。冲裁时，首先将板料 3 置于凹模上方，当凸模随压力机滑块向下运动时，便迅速冲穿板料进入凹模，使冲件与板料分离而完成冲裁工作。

　　整个冲裁过程是在很短的时间内完成的，如果模具间隙正常，冲裁变形过程大致可分为如下三个阶段。

　　第一阶段是弹性变形阶段。如图 2-3a 所示，当凸模接触板料并下压时，在凸模压力下，材料产生弹性压缩、拉伸和弯曲等复杂变形。这时，凸模略为挤入板料，板料下部也略为挤入凹模洞口，并在与凸、凹模刃口接触处形成很小的圆角。同时，板料两端稍向上翘曲，材料越硬，凸、凹模间隙越大，翘曲越严重。随着凸模的下压，刃口附近板料所受的应力逐渐增大，直至达到弹性极限，弹性变形阶段结束。

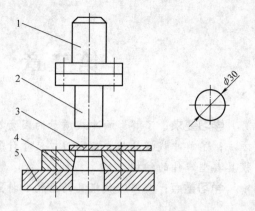

图 2-2　普通冲裁工作示意图
1—模柄　2—凸模　3—板料
4—凹模　5—下模座

　　第二阶段是塑性变形阶段。如图 2-3b 所示，当凸模继续下压，使板料变形区的应力达到塑性条件时，便进入塑性变形阶段。这时，凸模挤入板料和板料挤入凹模的深度逐渐加大，产生塑性剪切变形，形成光亮的剪切断面。随着凸模的下降，塑性变形程度增加，变形区材料硬化加剧，变形抗力不断上升，冲裁力也相应增大，直到刃口附近的应力达到抗拉强度时，塑性变形阶段便告终。由于凸、凹模之间间隙的存在，此阶段中冲裁变形区还伴随有弯曲和拉伸变形，且间隙越大，弯曲和拉伸变形也越大。

　　第三阶段是断裂分离阶段。如图 2-3c、d、e 所示，当板料内的应力达到抗拉强度后，凸模再向下压入时，则在板料上与凸、凹模刃口接触的部位先后产生微裂纹，且板料内裂纹首先在凹模刃口附近的侧面产生，紧接着才在凸模刃口附近的侧面产生。已形成的上下微裂纹随凸模继续压入沿最大剪应力方向不断向材料内部扩展，当上下裂纹重合时，板料便被剪断分离。随后，凸模将分离的材料推入凹模洞口，冲裁变形过程便结束。

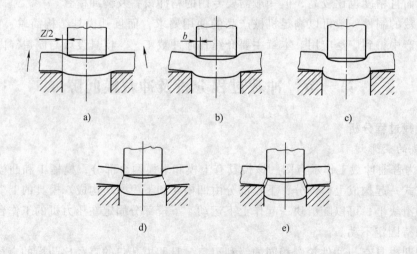

图 2-3　冲裁变形过程

2. 冲裁切断面分析

冲裁件的断面不是很光滑的，并且带有一定的锥度。冲裁件的断面可分为四个特征区域，即圆角带、光亮带、断裂带和毛刺，如图2-4所示。

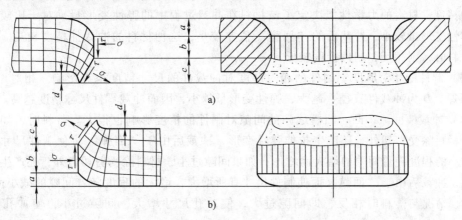

图2-4　冲裁件断面特征

圆角带 a：它是当凸模下降，刃口刚压入板料时，刃口附近产生弯曲和伸长变形，刃口附近的材料被带进模具间隙的结果。

光亮带 b：它是在塑性变形过程中，材料和模具侧面接触中被模具侧面挤压而形成的光亮垂直断面。光亮带越宽，说明断面质量越好，它通常占全断面的 $1/3 \sim 1/2$。

断裂带 c：它是表面粗糙且带有锥度的部分，是由刃口处的微裂纹在拉应力的作用下，不断扩展而形成的撕裂面。因断裂带都是向材料体内倾斜，所以对一般的冲裁件并不影响其使用性能。

毛刺 d：它是在塑性变形阶段的后期产生，凸模和凹模的刃口切入被加工材料一定深度时出现的微裂纹。因裂纹起点不在刃尖处，而在模具侧面距刃尖不远的地方，所以在拉应力作用下，裂纹加长，材料断裂而产生毛刺。裂纹的产生点和刃口尖的距离成为毛刺的高度，在普通冲裁中毛刺是不可避免的，但间隙合适时，毛刺的高度很小，易于去除。毛刺影响冲裁件的外观、手感和使用性能，因此冲裁时总是尽量减少毛刺。

冲裁件的四个特征区在整个断面上所占比例的大小并非是一成不变的，而是随着材料的力学性能、冲裁间隙、刃口状态等条件的不同而变化的。

二、冲裁件质量分析

冲裁件的质量是指冲裁件的尺寸精度、断面状况和形状误差。尺寸精度应保证在图样规定的公差范围以内；冲裁件的断面应尽可能垂直、光滑、毛刺小；冲件外形应符合图样要求，表面尽可能平直。

影响冲裁件质量的因素很多，主要有材料性能、间隙大小及均匀性、刃口锋利程度、模具结构及排样（冲裁件在板料或条料上的布置方法）、模具精度等。

1. 影响冲裁件尺寸精度的因素

冲裁件的尺寸精度是指冲裁件实际尺寸与基本尺寸的差值，差值越小，则精度越高。冲裁件尺寸的测量和使用，都是以光亮带的尺寸为基准。

（1）冲裁模的制造精度　冲裁模的制造精度对冲裁件尺寸精度有直接的影响，冲裁模的制造精度愈高，冲裁件的精度亦愈高。

（2）制件材料的力学性能　在冲裁过程中，材料产生一定的弹性变形、冲裁结束后将发生"回弹"现象，使落料件尺寸与凹模尺寸不符，冲孔的尺寸与凸模尺寸不符，影响了制件的精度。材料的力学性能决定了该材料在冲裁过程中的弹性变形量。对于比较软的材料，弹性变形量较小，冲裁后的"回弹"值亦较小，这种材料的冲裁件精度较高。冲制较硬的材料时，则相反，制件精度较低。

（3）制件的相对厚度　制件的相对厚度对冲裁件的尺寸精度也有影响。相对厚度 t/D（t 为料厚，D 为冲裁件直径）越大，弹性变形量越小，因而冲裁零件尺寸精度越高。

（4）冲裁模间隙　凸、凹模之间的间隙对制件的精度影响也很大。落料时，如果间隙过大，材料除受剪切外，还产生拉伸弹性变形，冲裁后由于"回弹"将使制件尺寸有所减小，减小的程度随着间隙的增大而增加；如果间隙过小，材料除受剪切力外，还产生压缩弹性变形，冲裁后由于"回弹"而使制件尺寸有所增大，增大的程度随着间隙的减小而增加。冲孔时，情况与落料时相反，即间隙过大，使冲孔尺寸增大，间隙过小，使冲孔尺寸减小。

（5）冲裁件的尺寸、形状　冲裁件的尺寸越小，形状越简单，其精度越高。

2. 冲裁件的断面质量

冲裁间隙对冲裁件的断面质量起着决定性的作用。图 2-5 所示为冲裁间隙对断面质量的影响。

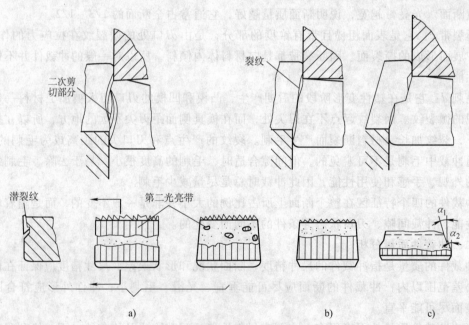

图 2-5　冲裁间隙对断面质量的影响
a）间隙过小　b）间隙合理　c）间隙过大

其中，图 2-5a 为间隙过小时的断面，凸模刃口附近的裂纹比间隙合理时向外错开一断距离，上、下两裂纹中间部分的材料，随着冲裁的进行，将被第二次剪切，在断面上形成第二光亮带。在两个光亮带之间，形成撕裂的毛刺。这种毛刺虽比合理间隙时的毛刺高一些，但易去除，而且断面的斜度和圆角小，冲裁件的翘曲小，所以只要中间撕裂不是很深，仍可使用。图 2-5b 为间隙合理时的断面，板料在上、下刃口处所产生得裂纹就能重合，所得制件的断面虽带有一定锥度，但比较光滑，圆角、毛刺和斜角都比较小，断面质量好。图 2-5c 为间隙过大时的断面情况，板材的弯曲与拉伸增大，拉应力增大，易产生剪裂纹，塑性变形阶段较早结束，致使断面光亮带减小，断裂带增大，且圆角、毛刺也较大，冲裁件翘曲增大。同时，上、下裂纹也不重合，凸模刃口处的裂纹相对凹模刃口处的裂纹向内错开一段距离，使得断裂带斜角增大，断面质量不理想。

3. 冲裁件的毛刺

凸模或凹模磨钝后，其刃口处形成圆角，在冲裁时，制件的边缘就会出现毛刺。图 2-6 所示为凸、凹模刃口磨钝后毛刺的形成。凸模刃口变钝时，在落料件边缘产生毛刺；凹模刃口变钝时，冲孔件边缘产生毛刺；凸模和凹模刃口都变钝时，落料件边缘和冲孔件边缘均产生毛刺。

间隙不均匀，往往使冲裁件产生局部毛刺。冲裁生产中，不允许产生大毛刺，如发现有大毛刺产生，应查明原因加以解决。如产生了不可避免的微小毛刺，应在冲裁后设法消除。

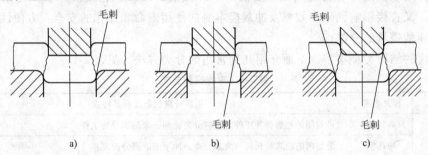

图 2-6　凸、凹模刃口磨钝后毛刺的形成
a）凹模磨钝　b）凸模磨钝　c）凸、凹模均磨钝

三、冲裁模的间隙

冲裁间隙是指冲裁模凸模和凹模之间的间隙，通常指双边间隙，用 Z 表示，单边间隙用 C 表示。实践证明，间隙值的大小对冲裁件质量、模具寿命、冲裁力的影响很大，是冲裁工艺与模具设计中得一个极其重要的工艺参数。

1. 合理间隙

在冲压实际生产中，找不到一个固定的间隙值可同时满足各方面的要求，一般选择一个适当的范围，只要间隙在这个范围内，就能得到合格的冲裁件和较长的模具寿命。这个间隙范围称为合理间隙，这个范围内的最小值称为最小合理间隙，用 $Z_{\min}$ 表示，最大值称为最大合理间隙，用 $Z_{\max}$ 表示。确定凸、凹模合理间隙值的方法有理论确定法和查表确定法。

由于理论确定法在生产中使用不便，通常采用查表确定法来确定间隙值。有关间隙值的数值，可在一般冲压手册中查到。

2. 合理间隙的确定原则

实践证明，冲裁模间隙取小时，冲裁件的断面质量较高，但过小的间隙将增大冲裁力、退料力，降低模具的使用寿命。因此，在选择冲裁模间隙时，应各种因素全面考虑，通常按以下原则选择：

1）当冲裁件的断面质量没有特殊要求时，在间隙允许的范围内，应采用较大的间隙，这样可以延长模具的使用寿命，降低冲裁力、卸料力、退件力。为解决过大间隙会使冲裁件产生弯曲变形的问题，可以采用弹性卸料板压料。

2）当冲裁件的断面质量要求很高时，在间隙允许的范围内，应采用较小的间隙，这样，尽管模具的寿命有所降低，但冲裁件光亮带较宽，断面与板料平面垂直，毛刺与圆角及弯曲变形都很小。

在设计冲裁模时，常取 Z_{min} 为初始间隙。这是由于冲模在使用了一段时间后，要进行修磨刃口，会使模具间隙增大，在客观上会使 Z_{min} 向 Z_{max} 过渡。为使冲裁模在较长时间均能保持满意的冲裁效果，提高模具利用率，故在设计模具时以 Z_{min} 为初始间隙值。

第二节　冲裁模具的分类及典型结构分析

冲裁模是冲压生产中不可缺少的工艺装备，良好的模具结构是实现工艺方案的可靠保证。冲压件的质量好坏和精度高低主要决定于冲裁模的质量和精度。冲裁模的结构是否合理、先进，又直接影响到生产效率及冲裁模本身的使用寿命和操作的安全、方便性。

一、冲裁模具的分类

冲裁模的结构类型很多，下面介绍几种常用的分类方法，见表2-1。

表 2-1　冲裁模的分类

分类方法	模具名称	板料分离状态及模具特点
按工序性质分类	落料模	沿封闭的轮廓将冲压件与板料分离，冲下来的部分为工件
	冲孔模	沿封闭的轮廓将板料与废品分离，冲下来的部分为废料
	切边模	将冲压件多余的边缘切掉
	切口模	沿敞开的轮廓将冲压件冲出切口，但冲压件不完全分离
	整修模	切除冲裁件的粗糙边缘，获得光洁、垂直的工件断面
	精冲模	利用带齿的压料板，在工作时强行压入材料，造成材料的径向压力，通过一次冲压行程获得精度高、断面质量好的冲压件的模具
按工序组合分类	单工序模	在一副模具中只完成一个工序的冲模
	级进模	在一副模具中的不同位置上完成两个或两个以上工序，最后将冲压件与条料分离的冲模
	复合模	在一副模具中的同一位置上，完成几个不同工序的冲模
按上、下模导向情况分类	敞开模	模具本身无导向装置，工作完全靠压力机及滑块导轨起作用
	导板模	用导板来保证冲裁时凸、凹模的准确位置
	导柱模	上、下模分别装有导套、导柱，靠其配合精度来保证凸、凹模准确位置

二、冲裁模的典型结构

尽管冲裁模种类繁多，有的结构复杂，但总的来说可分为上模和下模。上模一般固定在压力机的滑块上，并随滑块一起运动，称为冲裁模的活动部分；下模固定在压力机的工作台上，称为冲裁模的固定部分。

一套完整的冲裁模是由各种不同的零件组成的，可由几个零件组成，也可以由几十个甚至由上百个零件组成。但无论它们的复杂程度如何，冲模上的零件都可以根据其作用分为六种类型。

（1）工作零件　工作零件是直接进行冲裁工作的零件，是冲裁模中最重要的零件，如凸模、凹模、凸凹模等。

（2）定位零件　定位零件的作用是确定材料或工序件在冲模中的正确位置，如挡料销、导正销、定位销、定位板、导料板、侧压板和侧刃等。

（3）压料、卸料和出件零件　这类零件的作用是压料，并把冲压后卡在凸模上和凹模孔内的废料或冲件卸掉或推（顶）出，以保证下次冲压工序顺利进行，如卸料板、顶件块、压料板等。

（4）导向零件　导向零件的作用是保证冲裁过程中凸模与凹模之间的间隙均匀，保证模具各部分保持良好的运动状态，如导柱、导套、导板、导筒等。

（5）支承零件　支承零件的作用是将上述各类零件固定于一定的部位上或将冲裁模与压力机连接，它是冲裁模的基础零件，如上模，下模，模柄，凸、凹模固定板，垫板等。

（6）紧固件及其他零件　如螺钉、销钉、弹性件和自动模传动零件等。

以上各类零件在冲裁过程中相互配合，保证冲裁工作的正常进行，从而冲出合格的冲裁件。需要注意的是，并不是所有的冲裁模都具备上述六类零件，尤其是简单的冲裁模。但工作零件和必要的支撑件总是不可缺少的。下面针对各类冲裁模的结构、工作原理、特点及应用场合进行分别叙述。

1. 单工序冲裁模

单工序冲裁模又称简单冲裁模，主要包括无导向单工序冲裁模、导板式单工序冲裁模和导柱式单工序冲裁模。其中，导柱式单工序冲裁模结构比较简单，应用广泛。由于间隙稳定，冲裁件的精度较高，模具寿命较长，适用于大批量生产。

（1）导柱式单工序落料模　图 2-7 为导柱式单工序落料模。这种冲模的上、下模正确位置利用导柱 14 和导套 13 的导向来保证。凸、凹模在进行冲裁之前，导柱已经进入导套，从而保证了在冲裁过程中凸模 12 和凹模 16 之间间隙的均匀性。

上、下模座和导套、导柱装配组成的部件称为模架。凹模 16 用内六角螺钉与下模座 18 紧固并定位。凸模 12 用凸模固定板 5、螺钉、销钉与上模座紧固并定位，凸模背面垫上垫板 8。压入式模柄 7 装入上模座并以止动销 9 防止其转动。

条料的送进定位靠两个导料螺钉 2 和挡料销 3，当条料沿螺栓送至挡料销后进行落料。箍在凸模上的边料靠弹压卸料装置进行卸料，弹压卸料装置由卸料板 15、卸料螺钉 10 和弹簧 4 组成。在凸、凹模进行冲裁工作之前，由于弹簧力的作用，卸料板先压住板料，上模继续下压时进行冲裁分离，此时弹簧被压缩（如图左半边所示）。上模回程时，由于弹簧恢复，推动卸料板把箍在凸模上的边料卸下来。

导柱式冲裁模的导向可靠，精度高，寿命长，使用安装方便，但轮廓尺寸较大，模具较重，制造工艺复杂，成本较高。它广泛应用生产批量大、精度要求高的冲裁件。

（2）导柱式单工序冲孔模　图 2-8 所示为导柱式冲孔模。冲件上的所有孔依次全部冲出，是多凸模的单工序冲裁模。

由于工序件是经过拉深的空心件，而且孔边与侧壁距离较近，因此采用工序件口部朝上，用定位圈 5 实行外形定位，以保证凹模有足够的强度。由于凸模长度较长，设计时必须

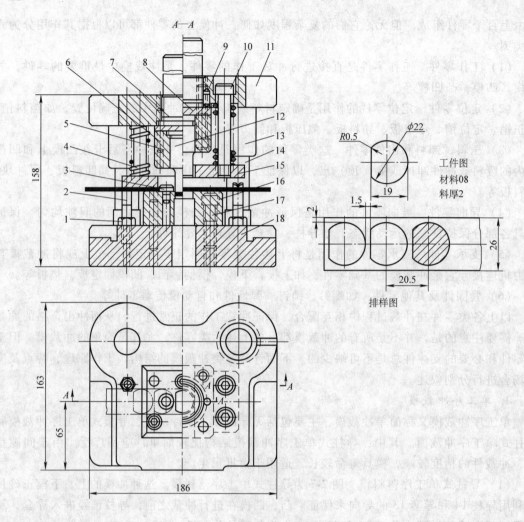

图 2-7 导柱式单工序落料模
1—螺母 2—导料螺钉 3—挡料销 4—弹簧 5—凸模固定板 6—销钉 7—模柄
8—垫板 9—止动销 10—卸料螺钉 11—上模座 12—凸模 13—导套
14—导柱 15—卸料板 16—凹模 17—内六角螺钉 18—下模座

注意凸模的强度和稳定性问题。如果孔边与侧壁距离大，则可采用工序件口部朝下，利用凹模实行内形定位。该模具采用弹性卸料装置。冲孔模常采用弹压卸料装置是为了保证冲孔零件的平整，提高零件的质量。如果卸料力较大或为了便于自动出件，也可以采用刚性卸料结构。

2. 级进冲裁模

级进冲裁模是一种多工位、高效率的冲模。它在一副模具中有规律地安排多道工序进行冲压。级进冲裁模的设计十分灵活，采用不同的排样形式、卸料方式、定距方式和导向方式。同一个工件的级进冲裁模可设计成多种结构形式，但无论怎样设计，必须遵循一条规律，即为保证送料的连续性，工件与材料的完全分离要在最后的工位上。每个工位可以安排一道或多道工序，也可以安排一个或多个空位，以增加凹模的壁厚，加大凹模的外形尺寸，

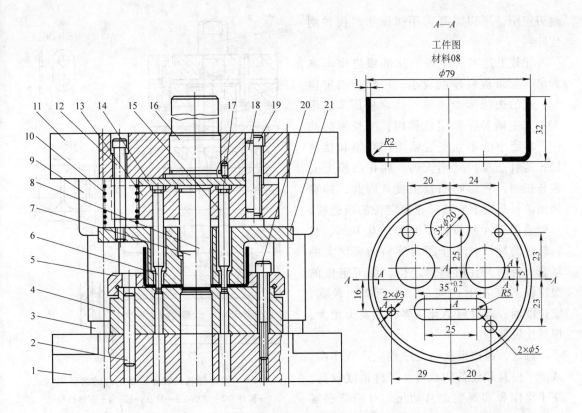

图 2-8　导柱式单工序冲孔模

1—上模座　2、18—圆柱销　3—导柱　4—凹模　5—定位圈　6、7、8、15—凸模
9—导套　10—弹簧　11—下模座　12—卸料螺钉　13—凸模固定板　14—垫板
16—模柄　17—止动销　19、20—内六角螺钉　21—卸料板

提高凹模的强度，避免模具零件过于紧凑而造成加工和安装的困难。级进模工位较多，因而用级进模冲裁零件必须解决材料的准确定位问题，才有可能保证冲压件的质量。根据级进模零件定位的特征，介绍几种常见冲裁模的结构形式。

（1）固定挡料销和导正销定位的级进模　图 2-9 所示为用固定挡料销和导正销定位的冲孔落料级进模，上、下模通过导板（兼卸料作用）导向，冲孔凸模 3 与落料凸模 4 之间的中心距等于送料距离 s（称为进距或步距），条料由固定挡料销 6 粗定位，由装在落料凸模上的两个导正销 5 精确定位。为了保证首件冲裁时的正确定距，采用了始用挡料销 7。工作时，先用手按住始用挡料销对条料进行粗定位，上模下行时导正销 5 先行导入条料上已冲出的孔进行精确定位，接着同时进行落料和冲孔。以后各次冲裁时都由固定挡料销 6 控制进距作粗定位，每次行程即可冲下一个冲件并冲出两个内孔。

（2）侧刃定距的级进模　图 2-10 所示为双侧刃定距的冲孔落料级进模。它以侧刃 16 代替的始用挡料销、挡料销和导正销控制条料送进距离。侧刃是特殊功用的凸模，其作用是在压力机每次冲压行程中，沿条料边缘切下一块长度等于步距的料边。由于沿送料方向上，在侧刃前后，两导料板间距不同，前宽后窄形成一个凸肩，所以条料上只有切去料边的部分方能通过，通过的距离即等于步距。为了减少料尾损耗，尤其工位较多的级进模，可采用两个侧刃前后对角排列，该模具就是这样。此外，由于该模具冲裁的板料较薄（0.3mm），又是侧刃定距，所以需要采用弹压卸料代替刚性卸料。

比较上述两种定位方法的级进模不难看出，如果板料厚度较小，用导正销定位时，孔的边缘可能被导正销摩擦压弯，因而不起正确导正和定位作用；窄长形的冲件，步距小的不宜安装始用挡料销和挡料销；落料凸模尺寸不大的，如在凸模上安装导正销，将影响凸模强度。因此，挡料销加落料凸模上安装导正销定位的级进模，一般适用于冲制板料厚度大于 0.3mm、材料较硬的冲压件和步距与落料凸模稍大的场合。否则，宜用侧刃定位。侧刃定位的级进模不存在上述问题，生产率比较高，定位准确，但材料消耗较多，冲裁力增大，模具比较复杂。

总之，级进模比单工序模生产效率高，减少了模具和设备的数量，工件精度较高，便于操作和实现生产自动化。对于特别复杂或孔边距较小的冲压件，用简单模或复

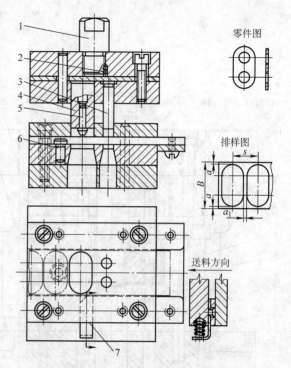

图 2-9 固定挡料销和导正销定位的级进模
1—模柄 2—螺钉 3—冲孔凸模 4—落料凸模
5—导正销 6—固定挡料销 7—始用挡料销

合模冲制有困难时，可用级进模逐步冲出。但级进模轮廓尺寸较大，制造较复杂，成本较高，一般适用于大批量生产小型冲压件。

3. 复合模

复合冲裁模是一种多工序的冲裁模，它在一副冲裁模中一次送料定位可以同时完成几道工序。与级进模相比，冲裁件的内孔与外缘的相对位置精度较高，材料的定位精度要求较低，冲模轮廓尺寸较小。其结构的主要特征是有一个既是落料凸模又是冲孔凹模的凸凹模。其基本结构形式有两种：落料凹模装在下模时称为顺装复合冲裁模（或称为正装复合冲裁模）；落料凹模装在上模时称为倒装复合冲裁模。

（1）顺装复合冲裁模 图 2-11 所示为顺装式冲孔落料复合模。

凸凹模 6 装在上模，落料凹模 8 和冲孔凸模 11 装在下模。工作时，条料由导料销 13 和挡料销 12 定位，上模下压，凸凹模外形与落料凹模进行落料，落下的冲件卡在凹模内，同时冲孔凸模与凸凹模内孔进行冲孔，冲孔废料卡在凸凹模孔内。卡在凹模内的冲件由顶件装置顶出。顶件装置由带肩顶杆 10、顶件块 9 及装在下模座底下的弹顶器（与下模座的螺纹孔联接，图中未画出）组成。当上模上行时，原来在冲裁时被压缩的弹性元件恢复，弹性力通过顶杆和顶件块把卡在凹模中的冲件顶出凹模面。该顶件装置因弹顶器装在模具底下，弹性元件的高度不受模具空间的限制，顶件力大小容易调节，可获得较大的顶件力。卡在凸凹模内的冲孔废料由推件装置推出。推件装置由打杆 1、推板 3 和推杆 4 组成。当上模上行至上死点时，压力机滑块内的打料杆通过打杆、推板和推杆把废料推出。每冲裁一次，冲孔废料被推出一次，凸凹模孔内不积存废料，因而胀力小，凸凹模不易破裂。但冲孔废料落在

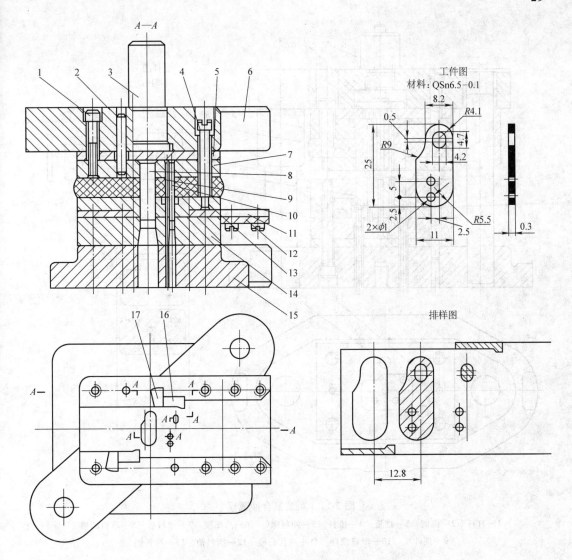

图 2-10　侧刃定距的级进模

1—内六角螺钉　2—销钉　3—模柄　4—卸料螺钉　5—垫板　6—上模座　7—凸模固定板

8、9、10—凸模　11—导料板　12—承料板　13—卸料板　14—凹模　15—下模座

16—侧刃　17—侧刃挡块

下模工作面上，清除废料较麻烦（尤其是孔较多时）。条料的边料由弹性卸料装置卸下。由于采用固定挡料销和导料销，故需卸料板上钻出让位孔。

从上述工作过程可以看出，正装式复合模工作时，板料是在压紧的状态下分离，故冲出的冲件平直度较高，但由于弹性顶件和弹性卸料装置的作用，分离后的冲件容易被嵌入边料中影响操作，从而影响了生产率。

（2）倒装复合冲裁模　图 2-12 为倒装式冲孔落料复合模。

凸凹模 18 装在下模，落料凹模 17 和冲孔凸模 14、16 装在上模。

倒装式复合模通常采用刚性推件装置把卡在凹模中的冲件推下，刚性推件装置由打杆 12、推板 11、连接推杆 10 和推件块 9 组成。冲孔废料直接由冲孔凸模从凸凹模内孔推下，

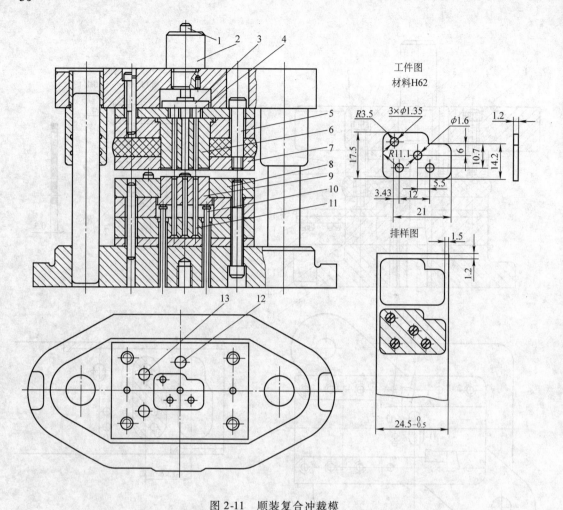

图 2-11 顺装复合冲裁模

1—打杆　2—模柄　3—推板　4—推杆　5—卸料螺钉　6—凸凹模　7—卸料板　8—落料凹模
9—顶件块　10—带肩顶杆　11—冲孔凸模　12—挡料销　13—导料销

无顶件装置，结构简单，操作方便，但如果采用直刃壁凹模洞口，凸凹模内有积存废料，胀力较大。当凸凹模壁厚较小时，可能导致凸凹模破裂。

板料的定位靠导料销 22 和弹簧弹顶的活动挡料销 5 来完成。非工作行程时，挡料销 5 由弹簧 3 顶起，可供定位；工作时，挡料销被压下，上端面与板料平。由于采用弹簧顶挡料装置，所以在凹模上不必钻相应的让位孔。但实践证明，这种挡料装置的工作可靠性较差。

采用刚性推件的倒装式复合模，板料不是处在被压紧的状态下冲裁，因而平整度不高。这种结构适用于冲裁较硬的或厚度大于 0.3mm 的板料。如果在上模内设置弹性元件，即采用弹性推件装置，这就可以用于冲制材质较软的或板料厚度小于 0.3mm，且平面度要求较高的冲裁件。

从顺装式和倒装式复合模结构分析中可以看出，两者各有其优缺点，见表 2-2。顺装式较适用于冲制材质较软的或板料较薄的平面度要求小的冲裁件，还可以冲制孔边距离较小的冲裁件。而倒装式不宜冲制孔边距离较小的冲裁件，但倒装式复合模结构简单，又可以直接

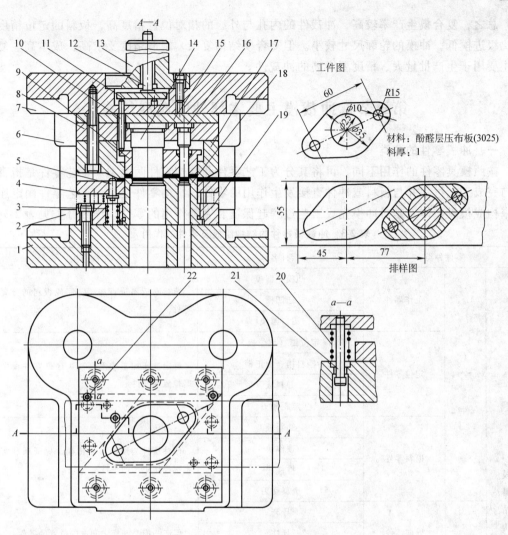

图 2-12　倒装复合冲裁模

1—下模座　2—导柱　3、20—弹簧　4—卸料板　5—活动挡料销　6—导套　7—上模座　8—凸模固定板

9—推件块　10—连接推杆　11—推板　12—打杆　13—模柄　14、16—冲孔凸模　15—垫板

17—落料凹模　18—凸凹模　19—固定板　21—卸料螺钉　22—导料销

利用压力机的打杆装置进行推件，卸件可靠，便于操作，并为机械化出件提供了有利条件，故应用十分广泛。

表 2-2　顺、倒装复合模的特点比较

项目	顺装式复合模	倒装式复合模
凸凹模的位置	上模	下模
退料、退件装置的数量	三套	两套
工件的平整性	好	较差
可冲工件的孔边距离	较小	较大
结构复杂程度	复杂	较简单

总之，复合模生产率较高，冲裁件的内孔与外缘的相对位置精度高，板料的定位精度要求比级进模低，冲模的轮廓尺寸较小。但复合模结构复杂，制造精度要求高，成本高。复合模主要用于生产批量大、精度要求高的冲裁件。

第三节 冲裁模主要零部件的典型结构

一、冲模零件的分类

按照模具零件的作用不同，可将其分为工艺零件和结构零件两大类。工艺零件是指直接参与完成工艺过程并与板料或冲件直接发生作用的零件；结构零件是指将工艺零件固定连接起来构成模具整体，是对冲模完成工艺过程起保证和完善作用的零件。详细分类见表 2-3。

表 2-3　冲裁模零件的结构组成及零件的作用

零件种类			零件名称	零件作用
模具结构	工艺零件	工作零件	凸模、凹模	直接对板料进行加工，完成板料的分离的零件
			凸凹模	
			刃口镶块	
		定位零件	定位销（定位板）	确定冲压加工中毛坯或工序件在冲模中正确位置的零件
			挡料销、导正销	
			导料板	
			定距侧刃	
		退料零件	卸料板	使冲压件与废料得以出模，保证顺利实现正常冲压生产的零件
			顶件块	
			推件块	
			废料切刀	
	结构零件	导向零件	导套	保证凸模与凹模之间准确位置的零件
			导柱	
			导板	
		支承及支持零件	上、下模座	承装、连接及固定工作零件的有关零件
			模柄	
			凸、凹模固定板	
			垫板	
			限位器	
		紧固零件	螺钉	紧固各类模具零件的标准件、销钉起定位作用
			销钉	
		缓冲零件	弹簧、橡胶	辅助卸料、出件作用的弹性零件

应该指出，对于中小型模具，国家标准总局对冷冲模制定了国家标准（GB/T 2851.1 ~ 2861.16—1990）。该标准根据模具类型、导向方式、送料方向、凹模形状等不同，规定了 14 种典型组合形式。在每一种典型组合中，又规定了多种凹模周界尺寸（长×宽）以及相配合的凹模厚度、凸模高度、模架类型和尺寸及固定板、卸料板、垫板、导料板等具体尺

寸，还规定了选用标准件的种类、规格、数量、位置、有关的尺寸及技术条件。这样在进行模具设计时，重点设计工作零件，其他零件尽量选用标准件；或者选用标准件，再进行二次加工。这样，就简化了模具设计，缩短了设计周期，为模具的计算机辅助设计创造了条件。

二、工作零件的典型结构

1. 凸模

（1）凸模的结构形式　凸模是冲裁模中主要的工作零件之一。由于冲件的形状和尺寸不同，生产中使用的凸模结构形式很多，按整体结构分有整体式（包括阶梯式和直通式）、护套式和镶拼式；按截面形状分，有圆形和非圆形；按刃口形状分，有平刃和斜刃等。但不管凸模的结构形式如何，其基本结构均由两部分组成：一是工作部分，用以成形冲件；二是安装部分，用来使凸模正确地固定在模座上，如图 2-13a 所示。对刃口尺寸不大的小凸模，为了防止在使用过程中断裂，可在这两部分之间增加过渡段，以提高强度和刚度，如图 2-13b 所示。

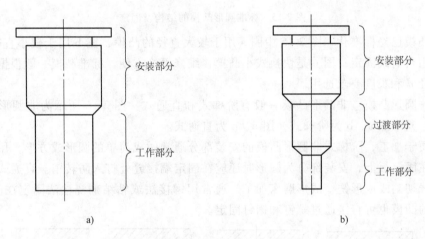

a)　　　　　　　　　　　　b)

图 2-13　凸模的结构组成

整体式凸模由两种基本类型。一种是直通式凸模，其工作部分和固定部分的形状和尺寸一致，如图 2-14 中的凸模 3。这类凸模便于进行成形磨削或线切割加工，容易保证加工精度。直通式凸模常用于非圆形截面的凸模。另一种是台阶式凸模，如图 2-14 中的凸模 4。对于圆形截面的凸模，广泛采用这种台阶式结构，冷冲模国家标准中制定了这类凸模的结构形式与尺寸规格。非圆形截面的凸模有时也做成台阶式结构，但加工比较麻烦。由于图 2-14 中的凸模 4，其工作部分截面为非圆形，固定部分为制造方便，其截面做成圆形，为了防止工作时凸模转动打坏模具，必须安装防转销 5。

（2）凸模的固定方法　凸模的固定方法有台肩固定、铆接固定、粘结剂浇注固定、螺钉与销钉固定等。

①　圆形凸模　为了保证强度、刚度及便于加工与装配，圆形凸模常做成圆滑过渡的阶

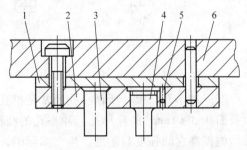

图 2-14　凸模组件的结构
1—垫板　2—凸模固定板　3、4—凸模
5—防转销　6—上模座

梯形。如图 2-15 所示，前端直径为 d 的部分是具有锋利刃口的工作部分，中间直径为 D 的部分是安装部分，它与固定板按 H7/m6 或 H7/n6 配合。尾部台肩是为了保证卸料时凸模不至于被拉出。

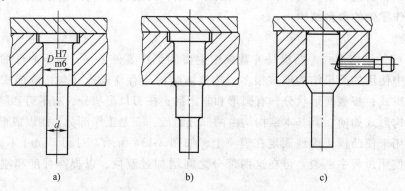

图 2-15　标准圆形凸模的结构及固定

圆形凸模已经标准化，图 2-15 中图 a 用于较大直径的凸模，图 b 用于较小直径的凸模，它们都采用台肩式固定；图 c 是快换式小凸模，维修更换方便。标准凸模一般根据计算所得的刃口直径 d 和长度要求选用。

② 非圆形凸模　非圆形凸模一般有阶梯式和直通式。图 2-16 所示为非圆形凸模的结构及固定，其中图 a、b 为阶梯式，图 c、d 为直通式。

为了便于加工，阶梯式非圆形凸模的安装部分通常做成简单的圆形或方形，用台肩或铆接法固定在固定板上，安装部分为圆形时还应在固定端接缝处打入防转销。直通式非圆形凸模便于用线切割或成形铣、成形磨床加工，通常用铆接法或粘结剂浇注法固定在固定板上，尺寸较大的凸模也可直接通过螺钉和销钉固定。

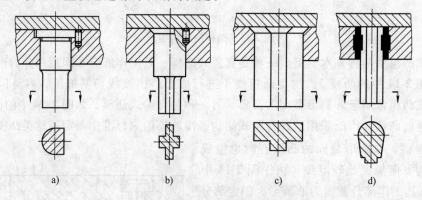

图 2-16　非圆形凸模的结构及固定

③ 冲小孔凸模　所谓小孔通常是指孔径 d 小于被冲板料的厚度或直径 $d < 1\,\text{mm}$ 的圆孔以及面积 $A < 1\,\text{mm}^2$ 的异形孔。冲小孔的凸模强度和刚度差，容易弯曲和折断，所以必须采取措施提高它的强度和刚度。生产实际中，最有效的措施之一就是对小凸模增加其保护作用的导向结构，如图 2-17 所示。其中图 a 和图 b 是局部导向结构，用于导板模或利用弹压卸料板对凸模进行导向的模具上，其导向效果不如全长导向结构；图 c 和图 d 基本上是全长导向保护，其护套装在卸料板或导板上，工作过程中护套对凸模在全长方向始终起导向保护作

用，避免了小凸模受到侧压力，从而可有效防止小凸模的弯曲和折断。

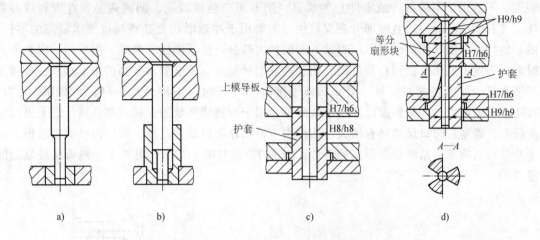

图 2-17　冲小孔凸模及其导向结构

2. 凹模

（1）凹模的结构形式与固定方法　凹模是在冲压过程中与凸模配合直接对材料进行分离的工作零件。凹模的结构形式也较多，按外形可分为标准圆凹模和板状凹模；按刃口形式也有平刃和斜刃；按结构形式可分为整体式和组合式凹模。

图 2-18 所示为常用凹模形式及其固定，其中图 a、b 为国家标准中的两种冲裁圆凹模及其固定方法，这两种圆凹模尺寸都不大，一般以 H7/m6 或 H7/n6 的配合关系压入凹模固定板，然后再通过螺钉、销钉将凹模固定板固定在模座上。这两种凹模主要用于冲孔（孔径 d =1～28mm，料厚 t <2mm），可根据使用要求及凹模的刃口尺寸从相应的标准中选取。

实际生产中，由于冲裁件的形状和尺寸千变万化，因而大量使用外形为矩形或圆形的凹模板（板状凹模），在其上面开设所需要的凹模孔口，用螺钉和销钉直接固定在模座上，如图 2-18c 所示。凹模板轮廓尺寸已经标准化，它与标准固定板、垫板和模座等配套使用，设计时可根据算得的凹模轮廓尺寸选用。图 2-18d 为快换式冲孔凹模及其固定方法。

（2）凹模的孔口形式　凹模的孔口形式有两种：一种是侧壁与凹模面垂直的直壁型孔，具有刃磨后尺寸不变的特点；另一种是侧壁与凹模面稍倾斜的斜壁型孔。

图 2-19 所示为凹模孔口形式。其中图 a、b、c、d 为直壁型孔，图 e、f 为斜壁型孔。图 a 具

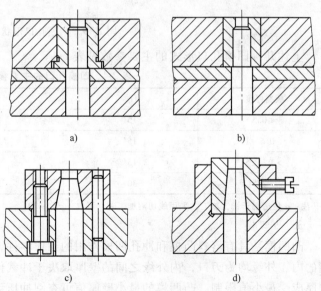

图 2-18　凹模形式及其固定

有结构简单、强度高的特点，主要用于冲裁大型或精度要求较高的零件，模具装有反向顶出装置，不适用于下漏料（或零件）的模具。图 b 刃口强度较高，凹模内易积存废料或冲裁件，尤其间隙小时刃口直壁部分磨损较快，主要用于冲裁形状复杂或精度要求较高的零件。图 c 的特点与图 b 相似，切刃口直壁下面的扩大部分可使凹模加工简单，但采用下漏料方式时刃口强度不如图 b 的刃口强度高，用于冲裁形状复杂、精度要求较高的中小型件，也可用于装有反向顶出装置的模具。图 d 凹模硬度较小（有时可不淬火），一般为 40HRC 左右，可用锤子敲击刃口外侧斜面以调整冲裁间隙，用于冲裁薄而软的金属或非金属。图 e 刃口强度较差，修磨后刃口尺寸略有增大，凹模内不易积存废料或冲裁件，刃口内壁磨损较慢，用于冲裁形状简单、精度要求不高的零件。图 f 的特点与图 e 相似，可用于冲裁形状较复杂的零件。

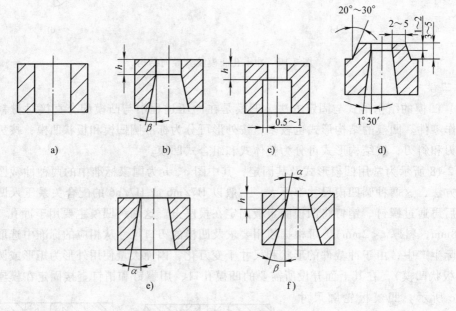

图 2-19　凹模孔口形状

上述几种凹模孔口形式的主要参数见表 2-4。

表 2-4　凹模孔口的主要参数

板料厚度	α	β	刃口高度 h/mm
≤0.5	15′	2°	≥4
>0.5~1	15′	2°	≥5
>1~2.5	15′	2°	≥6
>2.5	30′	3°	≥8

注：α 值适用于钳工加工。采用线切割加工时，可取 $\alpha = 5' \sim 20'$。

3. 凸凹模

凸凹模是具有落料凸模和冲孔凹模作用的工作零件，存在于复合冲裁模中。凸凹模工作面的内、外缘均为刃口，内外缘之间的壁厚取决于冲裁件的尺寸。因此从强度方面考虑，其壁厚应受最小值限制。凸凹模的最小壁厚值可查阅冲压设计资料。

三、定位零件

条料在模具送料平面中，必须有两个方向的定位：一是条料的横向定位，也称导料，主要作用是保证条料的横向搭边值；二是条料的纵向定位，也称挡料，在落料与复合模中，挡料的主要作用是保证纵向搭边值，而在级进模中，还将影响工件的形位尺寸精度。

由于坯料和工序件的形式和模具的结构不同，定位零件的种类有很多。属于横向定位的零件有导料销、导料板、侧压板等；属于纵向定位的零件有始用挡料销、导正销、侧刃等；属于块料和工序件的定位零件有定位销、定位板等。

四、卸料装置

卸料装置包括卸料、推件和顶件等装置。其作用是当冲裁模完成一次冲压后，把冲件或废料从模具工作零件上卸下来，以便冲压工作继续进行。通常，卸料是指把冲件或废料从凸模上卸下来，推件和顶件是把冲件或废料从凹模中卸下来。

1. 卸料装置

卸料装置分固定卸料装置、弹压卸料装置和废料切刀卸料装置三种。其中卸料板是用于卸掉箍在凸模上或凸凹模上的制件或废料的板件。废料切刀是在冲压过程中将废料切成数块，从而实现卸料的零件。

固定卸料板的卸料力大，卸料可靠，但如果板料较薄时，采用固定卸料方式会引起板料严重翘曲，影响工件质量。在间隙过大时，还容易出现卡死现象，严重时，可能损坏模具。因此，当冲裁板料厚度大于 0.5mm，卸料力较大，平整度要求不高的冲裁件时，一般采用固定卸料板，如图 2-20 所示。

弹压卸料装板既起卸料作用又起压料作用。如图 2-21 所示，开始冲程时，弹性元件受压缩而积蓄能量，并使弹压卸料板产生压力而起压料作用。回程时，弹性元件释放能量，使弹压卸料板产生反向推力而起卸料作用。因此，表面要求较平整的冲裁件或薄板冲裁宜采用弹压卸料装置，所得冲裁件质量较好。

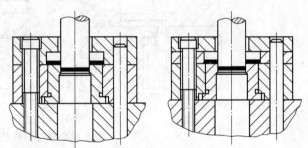

图 2-20 固定卸料装置的结构形式

对于大型零件冲裁或成形件切边，由于卸料力大，一般采用废料切刀代替卸料板，分段切断废料而卸料，如图 2-22 所示。

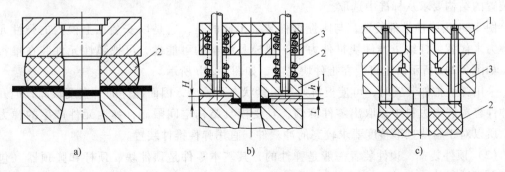

a)   b)   c)

图 2-21 弹压卸料装置

1—卸料板 2—弹性元件 3—卸料螺钉

2. 推件和顶件装置

设置推件和顶件的目的都是从凹模中卸下冲件或废料。为了区别，把装在上模内的称为推件；装在下模内的称为顶件。

（1）推件装置　推件装置有刚性推件装置和弹性推件装置两种。

图 2-23 为刚性推件装置，在冲压结束后上模回程时，利用压力机滑块上的打料杆撞击模柄内的打杆，再将推力传至推件块而将凹模内的冲件或废料推出的。刚性推件装置的基本

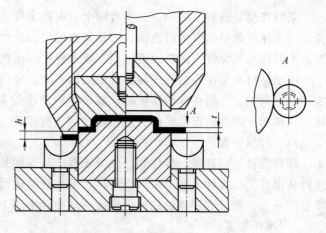

图 2-22　废料切刀卸料

零件有推件块、推板、连接推杆和打杆，如图 2-23a 所示。当打杆下方投影区域内无凸模时，也可省去由连接推杆和推板组成的中间传递结构，而由打杆直接推动推件块，甚至直接由打杆推件，如图 2-23b 所示。

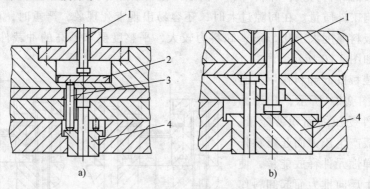

图 2-23　刚性推件装置
1—打杆　2—推板　3—连接推杆　4—推件块

刚性推件装置推件力大，工作可靠，所以应用十分广泛。它不但用于倒装式冲裁模中的推件，而且也用于顺装式冲裁模中的卸件或推出废料，尤其冲裁板料较厚的冲裁模，宜用这种推件装置。打杆、推板、连接推杆等都已标准化，设计时可根据冲件结构形式、尺寸及推件装置的结构要求从标准中选取。

图 2-24 为弹性推件装置，与刚性推件装置不同的是，它是以安装在上模内的弹性元件的弹力来代替打杆给予推件块推件力的。视模具结构的可能性，可把弹性元件装在推板之上，如图 2-24a 所示。也可装在推件块之上，如图 2-24b 所示。

采用弹性推件装置时，可使板料处于压紧状态下分离，因而冲件的平直度较高，但开模时冲件容易嵌入边料中，取出零件麻烦，且受模具结构空间限制，弹性元件产生的弹力有限。所以对于料薄且平整度要求较高的冲裁件，宜用弹性推件装置。

（2）顶件装置　顶件装置一般是弹性的，其基本零件是顶件块、顶杆和弹顶器（包括托板和弹性元件），如图 2-25 所示。弹顶器可做成通用的，其弹性元件可以是弹簧或橡胶。弹性顶件装置的顶件力容易调节，工作可靠，冲件平整度较高，但冲件也易嵌入边料，产生

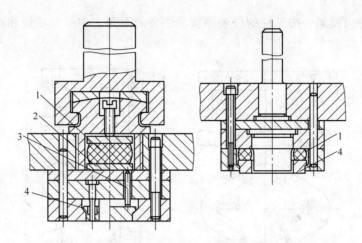

图 2-24　弹性推件装置

1—橡胶　2—推板　3—连接推板　4—推件块

与弹性推件装置同样的问题。大型压力机本身具有气垫作弹顶器。

在推件和顶件装置中，推件块和顶件块工作时与凹模孔口配合并作相对运动，对推件和顶件装置的要求是：模具处于闭合状态时，其背后应有一定空间，以备修模和调整的需要；模具处于开启状态时，必须顺利复位，且工作面应高出凹模平面 0.2 ~ 0.5mm，以保证可靠地推件或顶件；与凹模和凸模的配合应保证顺利滑动，一般与凹模的配合为间隙配合，推件块或顶件块的外形配合面可按 h8 制造，与凸模的配合可呈较松的间隙配合，或根据料厚取适当间隙。

3. 弹簧和橡胶的选用

（1）弹簧的选用　弹簧的种类很多，可分为圆钢丝螺旋弹簧、方钢丝螺旋弹簧和碟形弹簧等，并已形成标准。模具中选用最多的是圆钢丝螺旋压缩弹簧，在选用时必须满足弹簧工作时的受力、压缩行程及模具结构的要求。

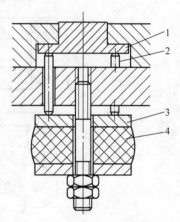

图 2-25　弹性顶件装置

1—顶件块　2—顶杆　3—托板

4—橡胶

（2）橡胶的选用　由于橡胶允许承受的负荷较大，且安装调整方便，因而是模具中广泛使用的弹性零件。橡胶的选用与弹簧相似，选用步骤和方法参见冲压设计资料。

五、模架

模架是整副模具的骨架，它是连接冲模主要零件的载体。模具的全部零件都固定在它的上面，并承受冲压过程的全部载荷。

通常所说的模架由上模座、下模座及导向装置（最常用的是导柱、导套）组成。一般标准模架不包括模柄。模架的上模座和下模座分别与冲压设备的滑块和工作台上的垫板固定。上、下模间的精确位置由导向装置的导向来实现。

模架主要有两大类：一类是由上模座、下模座、导柱和导套组成的导柱模模架；另一类是由弹压导板、下模座、导柱、导套组成的导板模模架。导柱模模架应用较多，按其导向结构形式分为滑动导向模架和滚动导向模架两种。

（1）滑动导向模架　按导柱的位置不同，主要有对角、中间、后侧和四导柱形式，如图 2-26 所示。

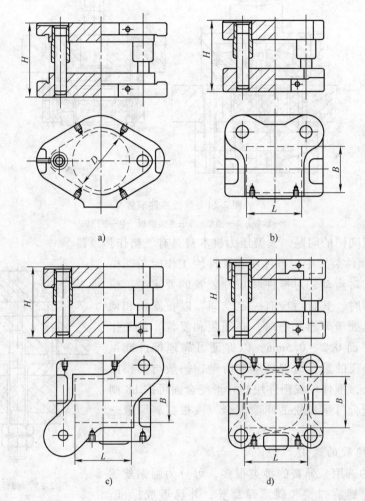

图 2-26　滑动导柱模架

a）中间导柱模架　b）后侧导柱模架　c）对角导柱模架　d）四导柱模架

中间导柱模架的特点是：两副导柱、导套均装在模座的对称中心线上，两个导柱的直径不同，可避免上下模装错而发生啃模事故。这类模架具有较高的导向精度，但送料时，只能是前后一个方向，只适应于单工序模和工位少的级进模。

后侧导柱模架的特点是：两副导柱、导套均装在模座的后侧，在使用时可以从左、右、前三个方向送料，操作方便。但工作时，由于振动，导套磨损不均，影响导向精度。它主要适用于精度要求不高及薄板料小冲件的冲裁模具。

对角导柱导向模架的特点是：两副导柱、导套均装在模座的对角线位置。为避免上、下模装错，两导柱直径不同。这类模架具有较高的导向精度，但工作时，送料、退料不太方便。它主要适用于冲件精度要求较高或小间隙的冲裁模及级进模。

四导柱导向模架的特点是：有四副导柱、导套，分别装在模板的四角。模架刚性很好，在工作时，模架受力均匀且平衡，导向平稳且准确可靠，但价格高。它主要适应于模具刚度与精度都相高的精密冲裁模以及模具寿命要求很高的多工位自动级进模。

滑动导向模架的导柱、导套结构简单，加工、装配方便，应用最为广泛。

（2）滚动导向模架　滚动导向模架是在导套内镶有成行的滚珠，导柱通过滚珠与导套实现有微量过盈的无间隙配合（一般过盈量为 0.01 ~ 0.02mm），因此，这种滚动模架导向精度高，使用寿命长，运动平稳。

滚动导向模架也具有滑动导向模架的四种结构形式。

思考与练习题

2-1　简述冲裁过程的三个变形阶段。

2-2　试说明冲裁过程中产生毛刺的原因，以及毛刺的危害？

2-3　影响冲裁件尺寸精度的因素有哪些？

2-4　冲裁间隙对断面质量有哪些影响？如何提高冲裁件断面质量？

2-5　何为冲裁加工的合理间隙？如何确定合理间隙值？

2-6　简述合理间隙的确定原则。

2-7　简述冲裁模具各类零件的作用。

2-8　说明图 2-7 中各个零件的作用以及整套模具中有几个退料装置？

2-9　何为级进冲裁模？级进冲裁模有哪些特点？

2-10　何为复合冲裁模？复合冲裁模有哪些特点？

2-11　简述两种定位方式的级进模特点。

2-12　比较正装式复合模与倒装式复合模的特点。

2-13　凹模孔口有哪些形式？具有哪些特点？

2-14　冲裁模常用的卸料装置有哪些？分别具有哪些结构特点？

2-15　滑动导向模架有哪几种形式？分别具有哪些特点？

第三章 弯 曲 模

学习要求：了解弯曲变形的过程及变形特点；掌握典型弯曲模具结构及其工作原理。

学习重点：典型弯曲模具结构及其工作原理。

第一节 弯曲变形的过程及变形特点

一、弯曲变形的过程

将板料、型材、管材或棒料等按设计要求弯成一定的角度和一定的曲率，形成所需形状零件的冲压工序，叫做弯曲。弯曲的材料可以是板料、型材，也可以是棒料、管材。弯曲工序除了使用模具在普通压力机上进行外，还可以使用其他专门的弯曲设备进行。在生活中常见的弯曲方法可分为在压力机上利用模具进行的压弯以及在专用弯曲设备上进行的折弯、滚弯、拉弯等。

1. 弯曲变形时板材变形区受力情况分析

平直的毛坯在弯矩 M 的作用下，变形成具有一定曲率的弯曲形状。在弯曲时毛坯内靠近外表面的部分受拉应力的作用，产生伸长变形；靠近内表面部分受压应力作用，产生压缩变形。在受拉应力作用的部分与受压应力作用的部分之间，一定有一层金属不受应力的作用，应力数值为零，我们称这一层金属为应力中性层。同样，在弯曲毛坯内也一定有一层金属的应变从正值变为负值的过渡部分，它的应变值为零，我们称这部位为应变中性层。具体受力情况如图 3-1 所示。

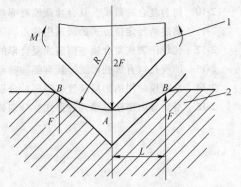

图 3-1　板材变形区受力情况

1—弯曲凸模　2—弯曲凹模

2. 弯曲变形过程

弯曲变形的过程一般经历弹性弯曲变形、弹-塑性弯曲变形、塑性弯曲变形三个阶段。弯曲变形和大多数塑性加工过程一样，冲压加工中的弯曲也是由弹性变形开始。在弯曲的初始阶段，弯矩不大，毛坯内的应力也不大，处于弹性交形范围，这时的弯曲称为弹性弯曲。当弯矩继续增大，毛坯的曲率也相应增大（曲率半径变小），靠近毛坯表面的金属首先进入塑性状态。随着弯矩的进一步加大，毛坯横断面上塑性变形的宽度逐渐扩展。这个过程中的弯曲叫做弹塑性弯曲。当弯矩加大到足以使毛坯断面上大部分金属都进入塑性状态时，弯曲过程叫做塑性弯曲。

现以常见的 V 形件弯曲为例，如图 3-2 所示。板料从平面弯曲成一定角度和形状，其变形过程是围绕着弯曲圆角区域展开的，弯曲圆角区域为主要变形区。

弯曲开始时，模具的凸、凹模分别与板料在 A、B 处相接触。设凸模在 A 处施加的弯曲力为 $2F$（见图 3-2a）。这时在 B 处凹模与板料的接触支点则产生反作用力并与弯曲构成

弯曲力矩 M，使板料产生弯曲。在弯曲的开始阶段，弯曲圆角半径 r 很大，弯曲力矩很小，仅引起材料的弹性弯曲变形（见图 3-2b）。

随着凸模进入凹模深度的增大，凹模与板料的接触处位置发生变化，支点 B 沿凹模斜面不断下移，弯曲力臂逐渐减小，同时弯曲圆角半径 r 亦逐渐减小，即 $r < r_2 < r_1 < r_0$，板料的弯曲变形程度进一步加大。

弯曲变形程度可以用相对弯曲半径 r/t 表示，t 为板料的厚度。r/t 越小，表明弯曲变形程度越大。一般认为当相对弯曲半径 $r/t > 200$ 时，弯曲区材料即开始进入弹-塑性弯曲阶段，毛坯变形区内（弯曲半径发生变化的部分）料厚的内外表面首先开始出现塑性变形，随后塑性变形向毛坯内部扩展。在弹-塑性弯曲变形过程中，促使材料变形的弯曲力矩逐渐增大，弯曲力臂 L 继续减小，弯曲力则不断加大。

凸模继续下行，当相对弯曲半径 $r/t < 200$ 时，变形由弹-塑性弯曲逐渐过渡到塑性变形。这时弯曲圆角变形区内弹性变形部分所占比例已经很小，可以忽略不计，视板料截面都已进入塑性变形状态。最终，B 点以上部分在与凸模的 V 形斜面接触后被反向弯曲，再与凹模斜面逐渐靠紧，直至板料与凸、凹模完全贴紧（见图 3-2c）。

若弯曲终了时，凸模与板料、凹模三者贴合后凸模不再下压，称为自由弯曲。若凸模再下压，对板料再增加一定的压力，则称为校正弯曲，这时弯曲力将急剧上升。校正弯曲与自由弯曲的凸模下止点位置是不同的，校正弯曲使弯曲件在下止点受到刚性镦压，减小了工件的回弹（见图 3-2d）。

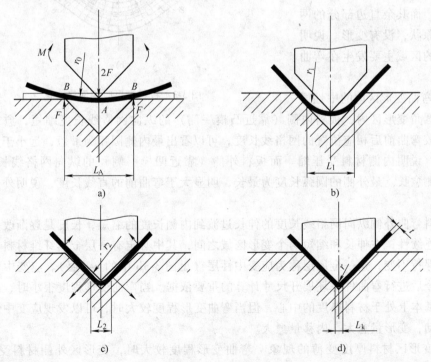

图 3-2 V 形件的弯曲过程

板料弯曲成形是塑性变形，外层材料受到拉伸，其拉伸应力已超过材料屈服点 σ_s 的值，内层材料受到压缩，其压缩应力也超过了材料的屈服点，这些都是塑性变形。中间各层的一些区域拉伸或压缩的变形应力较小，处于弹性阶段，是弹性变形。从弯曲工艺的角度来看，希望弹性变形区非常小。弹性变形区的大小与材料品种、弯曲的半径及所施加的压力等诸多因素有关，也是弯曲模具设计中需要考虑的问题。

二、板料弯曲变形的特点

为了观察板料弯曲时的金属流动情况，便于分析材料的变形特点，可以采用在弯曲前的板料侧表面设置正方形网格的方法。通常用机械刻线或照相腐蚀制作网格，然后用工具显微镜观察测量弯曲前后网格的尺寸和形状变化情况，见图3-3a所示。

弯曲前，材料侧面线条均为直线，组成大小一致的正方形小格，纵向网格线长度 $aa = bb$。弯曲后，通过观察网格形状的变化，（见图3-3b所示）可以看出弯曲变形具有以下特点：

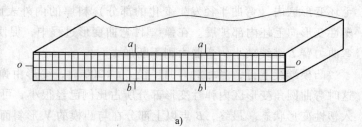

（1）弯曲圆角部分是弯曲变形的主要区域　可以观察到位于弯曲圆角部分的网格发生了显著的变化，原来的正方形网格变成了扇形。靠近圆角部分的直边有少量变形，而其余直边部分的网格仍保持原状，没有变形。说明弯曲变形的区域主要发生在弯曲圆角部分。

（2）弯曲变形区内的中性层

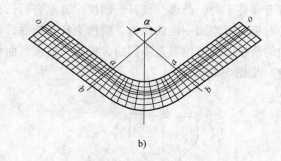

图3-3　板料变形时的网格变化

在弯曲圆角变形区内，板料内侧（靠近凸模一侧）的纵向网格线长度缩短，愈靠近内侧愈短。比较弯曲前后相应位置的网格线长度，可以看出最内侧圆弧为最短，远小于弯曲前的直线长度，说明内侧材料受压缩。而板料外侧（靠近凹模一侧）的纵向网格线长度伸长，愈靠近外侧愈长。最外侧的圆弧长度为最长，明显大于弯曲前的直线长度，说明外侧材料受到拉伸。

从板料弯曲外侧纵向网格线长度的伸长过渡到内侧长度的缩短，长度是逐渐改变的。由于材料的连续性，在伸长和缩短两个变形区域之间，其中必定有一层金属纤维材料的长度在弯曲前后保持不变，这一金属层称为应变中性层（见图3-3b中的o-o层）。应变中性层长度的确定是今后进行弯曲件毛坯展开尺寸计算的重要依据。当弯曲变形程度很小时，应变中性层的位置基本上处于材料厚度的中心，但当弯曲变形程度较大时，可以发现应变中性层向材料内侧移动，变形量愈大，内移量愈大。

（3）变形区材料厚度变薄的现象　弯曲变形程度较大时，变形区外侧材料受拉伸长，使得厚度方向的材料减薄；变形区内侧材料受压，使得厚度方向的材料增厚。由于应变中性层位置的内移，外侧的减薄区域随之扩大，内侧的增厚区域逐渐缩小，外侧的减薄量大于内侧的增厚量，因此使弯曲变形区的材料厚度变薄。变形程度愈大，变薄现象愈严重。变薄后的厚度 $t' = \eta t$（η 是变薄系数，根据试验测定，η 值总是小于1）。

（4）变形区横断面的变形　板料的相对宽度 b/t（b 是板料的宽度，t 是板料的厚度）对弯曲变形区的材料变形有很大影响。一般将相对宽度 $b/t>3$ 的板料称为宽板，相对宽度 $b/t \leqslant 3$ 的称为窄板。

窄板弯曲时，宽度方向的变形不受约束。由于弯曲变形区外侧材料受拉引起板料宽度方向收缩，内侧材料受压引起板料宽度方向增厚，其横断面形状变成了外窄内宽的扇形（见图 3-4a）。变形区横断面形状尺寸发生改变称为畸变。

宽板弯曲时，在宽度方向的变形会受到相邻部分材料的制约，材料不易流动，因此其横断面形状变化较小，仅在两端会出现少量变形，由于相对于宽度尺寸而言数值较小，横断面形状基本保持为矩形（见图 3-4b）。虽然宽板弯曲仅存在少量畸变，但是在某些弯曲件生产场合，如铰

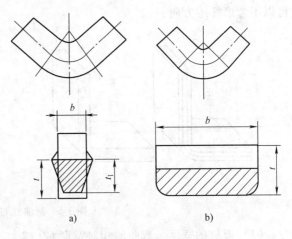

图 3-4　弯曲变形区的断面变化
a) 窄板（$b \leqslant 3t$）　　b) 宽板（$b>3t$）

链加工制造，需要两个宽板弯曲件的配合时，这种畸变可能会影响产品的质量。当弯曲件质量要求高时，上述畸变可以采取在变形部位预做圆弧切口的方法加以防止。

三、弯曲件的质量分析

1. 弯裂与弯曲半径

弯曲半径包括相对弯曲半径和最小弯曲半径。

生产中常用 r/t 来表示板料弯曲变形程度的大小，r/t 称为相对弯曲半径——r/t 越小，切向变形 ε_θ 越大。相对弯曲半径 r/t 越小，弯曲时板料表面的切向变形程度越大。当 r/t 小到一定值后，则板料的外表面将超过材料的最大许可变形而产生裂纹。

弯曲时，弯曲半径最小，板料外表面的变形程度越大。当弯曲件的相对半径 r/t 小到一定程度时，会是弯曲件的外表面的拉伸应变超过材料所允许的极限而出现裂纹或折断，因此对弯曲件有一个最小弯曲半径的限制。在保证弯曲变形区的表面不发生开裂的条件下，工件内表面能够弯成的最小半径，称为最小弯曲半径 r_{min}，相应的 r_{min}/t 称为最小相对弯曲半径。

弯曲变形的极限变形程度，主要表现为弯曲开裂，这主要是由于弯曲件的外层纤维更拉，变形最大，所以最容易断裂而造成废品。而弯曲时弯曲半径越小，板料外表面的变形程度越大。如果弯曲半径过小，则板料的表面变形将超过材料的最大许可变形而产生裂纹。因此，弯曲工艺受最小弯曲半径的限制。

而影响最小弯曲半径的主要因素有：

（1）材料的力学性能　材料的塑性越好，塑性变形的稳定性越强（均匀伸长率 δ_b 越大），许可的最小弯曲半径就愈小。塑性差的材料，最小弯曲半径就要大些。另外，在弯曲过程中的加工硬化现象也会影响最小弯曲半径；若经过退火后进行弯曲，则最小弯曲半径可小些。

（2）板料的纤维方向　轧制钢板具有纤维组织，顺纤维方向的塑性指标高于垂直纤维方向的塑性指标。当工件的弯曲线与板料的纤维方向垂直时，可具有较小的最小弯曲半径。

反之，工件的弯曲线与材料的纤维平行时，其最小弯曲半径则大（见图3-5）。因此，在弯制 r/t 较小的工件时，其排样应使弯曲线尽可能垂直于板料的纤维方向，若工件有两个互相垂直的弯曲线，应在排样时使两个弯曲线与板料的纤维方向成45°的夹角。而在 r/t 较大时，可以不考虑纤维方向。

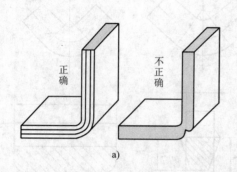 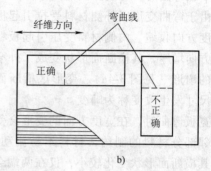

图 3-5　弯曲线与轧制方向

（3）板材的宽度　弯曲的相对宽度 b/t 越大，材料沿宽度方向流动的阻碍越大，其应变强度越大；相对宽度 b/t 越小，则材料沿宽度方向流动越容易，其应变强度小。对弯曲件相对宽度较小的窄板，其相对弯曲半径的数值可以取小些。

（4）弯曲角　理论上弯曲变形区外表面的变形程度只与 r/t 有关，而与弯曲中心角无关，但实际上由于接近圆角的直边部分也产生一定的切向伸长变形（即扩大了弯曲变形区的范围），从而使变形区的变形得到一定程度的减轻，所以最小弯曲半径可以小些。弯曲中心角越小，变形分散效应越显著。如果大于90°，对最小弯曲半径影响不大；如果弯曲角小于90°，则由于外层纤维拉伸加剧，最小弯曲半径应增大。

（5）板材的厚度　弯曲变形区切向应变在板料厚度方向按线性规律变化，外表面最大，在中心为零；当板料的厚度较小时，切向应变的梯度大，很快由最大值降为零。当板料厚度较大时，与切向应变最大值相邻近的金属可以起到阻止表面材料局部不均匀延伸的作用，使总变形程度得以变大，即最小弯曲半径更小。

（6）板料表面和侧面质量　板料表面和侧面质量较差时，极易造成应力集中而弯裂，此时应采用较大的弯曲半径，并处理好弯曲线方向。对于冲裁后得到的半成品件进行弯曲时，应在弯曲前将毛刺清除掉，或将有毛刺及缺陷的一面朝向弯曲凸模，则弯裂的危险性相对较小。对冲裁或剪裁坯料，若未经退火，由于切断面存在冷变形硬化层，就会使材料塑性降低，在上述情况下均应选用较大的最小弯曲半径 $r_{\min}$。

影响最小弯曲半径 $r_{\min}$ 数值的因素十分复杂，所以最小弯曲半径的数值一般用试验方法确定。各种金属材料在不同状态下的最小弯曲半径的数值，参见表3-1。

表 3-1　最小弯曲半径 $r_{\min}$

材　料	退火状态		冷作硬化状态	
	弯曲线的位置			
	垂直纤维	平行纤维	垂直纤维	平行纤维
08、10、Q195、Q215	$0.1t$	$0.4t$	$0.4t$	$0.8t$
15、20、Q235	$0.1t$	$0.5t$	$0.5t$	$1.0t$

材　料	退火状态		冷作硬化状态	
	弯曲线的位置			
	垂直纤维	平行纤维	垂直纤维	平行纤维
25、30、Q255	0.2t	0.6t	0.6t	1.2t
Q275、35、40	0.3t	0.8t	0.8t	1.5t
45、50	0.5t	1.0t	1.0t	1.7t
55、60	0.7t	1.3t	1.3t	2.0t
铝	0.1t	0.35t	0.5t	1.0t
纯铜	0.1t	0.35t	1.0t	2.0t
软黄铜	0.1t	0.35t	0.35t	0.8t
半硬黄铜	0.1t	0.35t	1.5t	1.2t
硬铜	—	—	1.0t	3.0t

注：1. 当弯曲线与纤维方向成一定角度时，可采用垂直和平行纤维方向二者的中间值。

2. 在弯曲、冷冲或剪切后没有退火的毛坯时，应作为硬化的金属选用。

3. 表中 t 为板料厚度。

2. 提高弯曲极限变形程度的方法

在一般情况下，不宜采用最小弯曲半径。当工件的弯曲半径小于表 3-1 所列数值时，为了提高弯曲极限变形，常采用以下措施：

1）经冷变形硬化的材料，可热处理的方法来恢复塑性。对于剪切断面的硬化层，还可以采取先去除再弯曲的方法。

2）清除冲裁毛刺，当毛刺较小时也可以使有毛刺的一面处于弯曲受压的内缘（即和凸模接触），以免应力集中而开裂。

3）对于低塑性的材料或厚料，可采用加热弯曲。

4）采取两次弯曲的工艺方法，第一次弯曲采用较大的弯曲半径，然后退火；第二次再按工件要求的弯曲半径进行弯曲，这样就使变形区域扩大，减小了外层材料的拉伸。

5）对较硬材料的弯曲，如结构允许，可采取先在弯角内则开槽后再进行弯曲的工艺。

3. 弯曲变形的回弹

（1）回弹现象　和所有的塑性加工一样，弯曲时，在毛坯的变形区里，除产生塑性变形外，也一定存在有弹性变形。当弯曲工作完成并从模具中取出弯曲件时，外加的载荷消失，原有的弹性变形也随着完全或部分地消失掉，其结果表现为在卸载过程中弯曲毛坯形状与尺寸的变化，在冲压领城里称这个现象为弹复，也叫回弹。

在弯曲加载过程中，板料变形区内侧与外侧的应力应变性质相反，卸料时内侧与外因的回弹变形性质也相反，而回弹的方向都是反向于弯曲变形方向。对整个坯料面言，不变形区占的比例比变形区大得多，大面积不变形区的惯性影响会加大变形区的回弹，这是弯曲回弹比其他成形工艺回弹严重的另一个原因，它们对弯曲件的形状和尺寸变化影响十分显著。

（2）弯曲回弹的表现形式　塑性弯曲时伴随有弹性变形，在弹性弯曲时，受拉的外区与受压的内区以中性层为界，中性层恰好通过剖面的重心，其应力应变为零。当外载荷去除后，塑性变形保留下来，而弹性变形会完全消失，这时弯曲回弹的表现形式是曲率减小，弯曲中心角减小。

一般情况下，弯曲回弹的表现形式有两个方面（见图3-6）：

1) 弯曲半径增大　卸载前坯料的内半径 r（与凸模半径吻合），卸载后增加至 r_0，半径的增量为 Δr 为

$$\Delta r = r_0 - r$$

2) 弯曲件角度增大　卸载前坯料的弯曲角度为 α（与凸模顶角吻合），卸载后增大至 α_0 角度的增加量 $\Delta \alpha$ 为：

$$\Delta \alpha = \alpha_0 - \alpha$$

（3）影响回弹的主要因素

1) 材料的力学性能　材料的屈服点 σ_s 愈高，弹性模量 E 愈小，弯曲变形的回弹也愈大。因为材料的屈服点 σ_s 愈高，材料在一定的变形程度下，其变形区断面内的应力也愈大，因而引起更大的弹性变形，所以回弹值也大。而弹性模量 E 愈大，则抵抗弹性变形的能力愈强，所以回弹值愈小。

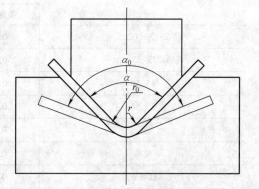

图3-6　弯曲回弹现象

2) 相对弯曲半径 r/t　相对弯曲半径 r/t 愈小，则回弹值愈小。因为相对弯曲半径 r/t 愈小，变形程度愈大，变形区总的切向变形程度增大，塑性变形在总变形中占的比例增大，而相对弹性变形的比例则减少，从而回弹值减小。反之，相对弯曲半径 r/t 愈大，则回弹值愈大。这就是曲率半径很大的工件不易弯曲成形的原因。

3) 弯曲中心角 α　弯曲中心角 α 愈大，表示变形区的长度愈长，回弹累积值愈大，故回弹角愈大，但对曲率半径的回弹没有影响。

4) 模具间隙　弯曲模具的间隙愈大，回弹也愈大。所以板料厚度允差愈大，回弹值愈不稳定。

5) 弯曲件的形状　由于两边受牵制，U 形件的回弹小于 V 形件。形状复杂的弯曲件一次弯成时，由于各部分相互牵制，以及弯曲件表面与模具表面之间的摩擦影响，改变了弯曲件各部分的应力状态，（一般可以增大弯曲变形区的拉应力），使回弹困难，因而回弹角减小。

6) 弯曲力　弯曲力的大小不同，使回弹值亦有所不同。校正弯曲时回弹较小，因为校正弯曲时的校正力比自由弯曲时的弯曲力大得多，使变形区的应力应变状态与自由弯曲时有所不同，极大的校正弯曲力迫使变形区内侧产生了切向拉应变，与外侧的切向应变方向相同，因此内外侧纤维都被拉长。卸载后变形区内外侧都因弹性恢复而缩短，内侧回弹方向与外侧相反，内外两侧的回弹趋势相互抵消，产生了减小回弹的效果。因此，增加校正力可以减小回弹。如果 V 形件校正弯曲时相对弯曲半径 $r/t < 0.2 - 0.3$，则角度回弹量 $\Delta \alpha$ 可能为零或负值。

（4）回弹值的确定　由于弯曲变形的复杂性引起回弹的多种原因，目前要准确地确定回弹值还做不到，仅能通过定性分析给出一些经验数据以减少模具设计制造中的盲目性。在设计弯曲模时，一般按图表查出经验数据或按计算法求出回弹角估计值，再在试模中进行修

整。对于不同的相对弯曲半径，回弹值的确定方法也不同；对于 r/t 值较大的弯曲件，生产中希望压弯后零件的曲率半径略比图样尺寸小些，以便在试模后能比较容易地修正。

（5）减小回弹的措施

影响回弹的因素很多，在用模具加工弯曲件时，要完全消除弯曲件的回弹是不可能的。因此，很难获得形状规则、尺寸准确的零件。但可以采取一些措施来减小或补偿回弹所产生的误差，以提高弯曲件的误差。

1）从改进弯曲件的设计上采取措施　尽量避免选用过大的相对弯曲半径 r/t。可以通过改进弯曲件的某些结构，以加强弯曲件的刚度以减小回弹。

2）从选用材料上采取措施　尽量选用 σ_s/E 小、力学性能稳定和板料厚度波动小的材料。

3）从工艺上采取措施　首先尽量采用校正弯曲代替自由弯曲；其次对一些硬材料和已经冷却硬化的材料，弯曲前先进行退火处理，降低其硬度以减少弯曲时的回弹，待弯曲后再淬硬，在条件允许的情况下，甚至可使用加热弯曲；而对于相对弯曲半径很大的弯曲件，由于变形区大部分处于弹性变形状态，弯曲回弹量很大，可以采用拉弯工艺。

4）从设计弯曲模上采取措施　对于较硬材料，可根据回弹值对模具工作部分的形状和尺寸进行修正；对于软材料，其回弹角小于 5°时，可在模具上作出补偿角并取较小的凸、凹模间隙；对于厚度在 0.8mm 以上的软材料，r/t 又不大时，可以通过合理设计凸凹模，来达到减少回弹。

第二节　弯曲模具的典型结构

弯曲模的结构主要取决于弯曲件的形状及弯曲工序的安排，最简单的弯曲模只有一个垂直运动；复杂的弯曲模除了垂直运动外，还有一个乃至多个水平动作。弯曲模结构设计要点为：

1）弯曲毛坯的定位要准确、可靠，尽可能是水平放置。多次弯曲最好使用同一基准定位。

2）结构中要能防止毛坯在变形过程中发生位移；毛坯的安放和制件的取出要方便、安全、操作简单。

3）模具结构尽量简单并且便于调整修理。对于弹性大的材料弯曲，应考虑凸模、凹模制造加工及试模修模的可能性，刚度和强度的要求。

一、弯曲件的结构工艺性

弯曲制件的工艺性是指弯曲制件形状、尺寸、精度要求、材料选用及技术要求等是否符合弯曲变形规律的要求。具有良好工艺性的弯曲件能简化弯曲工艺过程和提高弯曲件的精度，并有利于模具的设计和制造。

1. 最小弯曲半径和弯曲件的直边高度

（1）弯曲半径　弯曲制件的弯曲半径不能小于材料的最小许可弯曲半径，否则会弯裂；但过大的弯曲半径，回弹值较大，制件精度不易保证。

（2）弯曲件的直边高度　弯曲制件的直边高度 H 不应小于 $2t$。如果 $H < 2t$，则应预先压槽（见图 3-7），槽的深度为 $t/4 \sim t/3$；或先增加直边高度，弯曲后将多余部分切除。

2. 弯曲件孔边距

带孔的板料在弯曲时，如果孔位于弯曲变形区内，则孔的形状会发生畸变。因此，孔边到弯曲半径中心的距离应按料厚确定，即当 $t<2mm$ 时，$L\geq t$；当 $t\geq2mm$ 时，$L\geq2t$。

如果孔边至弯曲半径中心距离过小，可采取冲凸缘形缺口或月牙槽；或在弯曲变形区冲出工艺孔，以转移变形（见图3-8）。

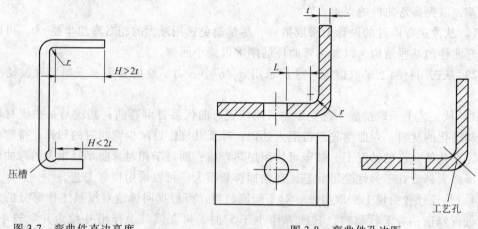

图 3-7　弯曲件直边高度　　　　　　图 3-8　弯曲件孔边距

3. 弯曲件的几何形状

弯曲件的形状应对称，左右弯曲半径应一致。否则，板料弯曲时将会因摩擦阻力不均匀而产生滑动偏移。

弯曲不对称制件时，应在模具上增加压料装置，或利用弯曲件上的工艺扎采用定位销定位，有时也可考虑成对弯曲后再切断。

带有缺口的弯曲件，若先冲缺口再弯曲会出现叉口现象，甚至无法成形。这时，必须在缺口处留有连接带，弯曲后再将连接带切除。

二、弯曲件工序安排

弯曲件的弯曲次数和工序安排必须根据工件形状的复杂程度、弯曲材料的性质、尺寸精度要求的高低以及生产批量的大小等因素综合进行考虑。合理安排弯曲工序可以简化模具结构、便于操作定位、减少弯曲次数、提高工件的质量和劳动生产率。

1. 弯曲件工序的安排原则

1）对于形状简单的弯曲件，如 V 形、U 形、Z 形工件等，可以来用一次弯曲成形。对于形状复杂的弯曲件，一般需要采用二次或多次弯曲成形。

2）对于批量大而尺寸较小的弯曲件，为使工人操作方便、安全，保证弯曲件的准确性和提高生产率，应尽可能采用连续模或复合模。

3）需多次弯曲时，弯曲次序一般是先弯两端，后弯中间部分，前次弯曲应考虑后次弯曲有可靠的定位，后次弯曲不能影响前次已弯成的形状。

4）当弯曲件几何形状不对称时，为避免压弯时坯料偏移，应尽量采用成对弯曲，然后再切成两件的工艺。

2. 典型弯曲件的工序安排

图3-9、3-10分别为一次弯曲、二次弯曲以及多次弯曲成形工件的例子，可供制订弯曲

件工艺规程时参考。

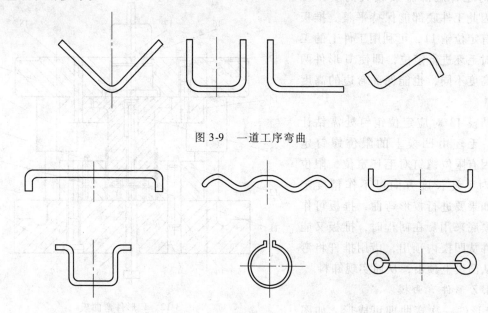

图 3-9 一道工序弯曲

图 3-10 两道工序弯曲

三、弯曲模的典型结构

1. V 形件弯曲模

图 3-11 为 V 形件弯曲模。

凸模 3 装在标准槽形模柄 1 上,并用两个销钉 2 定位,组成上模。槽形模柄一侧的销孔扩大 0.5mm,便于打入销钉。毛坯由定位板 4 定位,沿定位面加工出倒角,便于放入毛坯。由顶杆 6 和弹簧 7 组成的顶件装置,工作行程起压料作用,可防止毛坯横向移位,回程时可将弯曲件从凹模 5 内顶出。其中槽形模柄一般是固定非圆凸模,并使凸模结构简单、容易加工。在其侧面打入两个横销,防止凸模拔出。销钉是定位连接作用。定位板是起定位作用,但其尺寸不宜过大,以便取放工件方便、安全。顶杆是将工件从凹模型腔内顶出,弹簧是与顶杆一起组成弹压卸料装置。

注意:弯曲模一般不需要模架,调整模具时,下模先不要固定死,在凹模与凸模之间放上厚度与工件板厚相同的板条,用凸模墩压几次,上下模便可以对正。

2. U 形件弯曲模

图 3-12 为常用的 U 形件弯曲模。

其主要特点是在凹模 12 内设置一推板 9,推板的力来自装在下模座板 6 底部的卸料螺钉装置,弯曲始

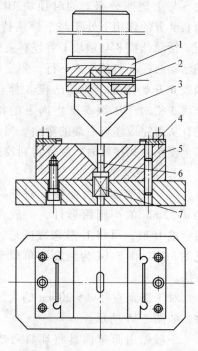

图 3-11 V 形件弯曲模

1—模柄 2—销钉 3—凸模 4—定位板
5—凹模 6—顶杆 7—弹簧

终能对工件底部施加较大的反顶压力，因此工件底部能保持平整。推板上装有定位销11，可利用工件上的工艺孔对毛坯进行定位，即使U形件两直边高度不同，也能保证弯边的高度尺寸。

凸模13对应定位销钉处需钻让位孔。毛坯由凹模上的限位螺钉定位，因有限位螺钉对毛坯定位，限位螺钉对毛坯长度方向可不作精度定位。如果要进行校形弯曲，推板可作为凹模底来用。在回程时，推板又能将工件从凹模内顶出，借用推杆将弯曲件从凸模上顶下，从而实现卸料。

3. Z形件弯曲模

Z形件一次弯曲即可成形，如图3-13所示。

在冲压前，压块5在橡胶6的作用下与凸模托板7端面齐平，这时压块5与上模座分离。同时顶块10在顶料装置的作用下处于与下模座持平的初始位置，坯料由定位销定位。弯曲时，上模座下压，活动凸模8与顶块1将坯料夹紧，由于橡胶的弹力大于顶块1上顶料装置的弹力，坯料随活动凸模8与顶块1下行，先完成左端弯曲。当顶块1向下运动到与下模座1相接触时，橡胶6开始压缩，活动凸模8静止，使凸模3相对于压块5产生向下的相对运动，从而完成坯料右端的弯曲。当压块5与上模座4相接触时，制件得到校正。

4. 其他弯曲模具

（1）圆筒形件弯曲模 对于圆角直径 $d < 5$mm 的小圆筒形件，一般先将坯料弯成U形，再将U形弯成圆形，具体见图3-14。图3-14为两套简单模弯圆的方法。

对于圆角直径 $d > 20$mm 的大圆筒形件，如图3-15所示。

一般先用简单模具将坯料弯成三个120°的波形工序件，再将其置于图3-17b所示弯曲模定位板3的槽内定位。随着上模的下行，凸模2对波峰处进行反向

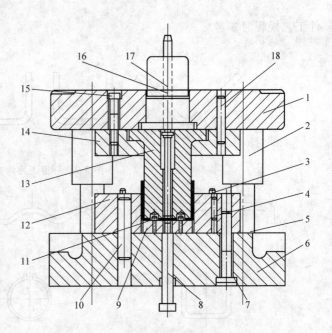

图 3-12 U 形件弯曲模

1—上模座 2—导套 3—限位螺钉 4—圆柱销 5—导柱
6—下模座 7—螺钉 8—卸料螺钉 9—推板 10—圆柱销
11—定位销 12—凹模 13—凸模 14—固定板
15—螺钉 16—模柄 17—推杆 18—圆柱销

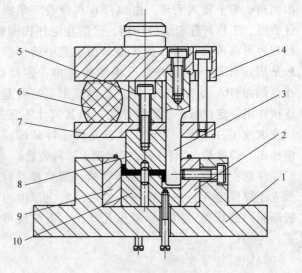

图 3-13 Z 形件弯曲模

1—下模座 2—反侧压块 3—凸模 4—上模座 5—压块
6—橡皮 7—凸模托板 8—活动凸模 9—凹模 10—顶块

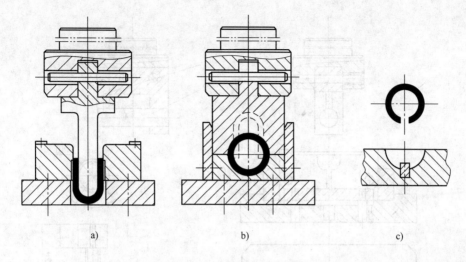

图 3-14 小直径圆筒弯圆模

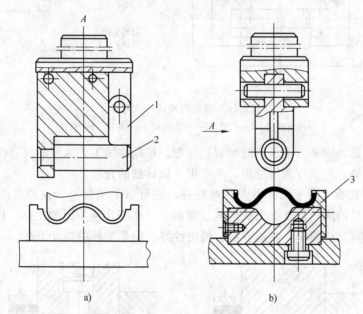

图 3-15 大圆筒两次弯曲模

1—支撑板 2—凸模 3—定位板

弯曲，成为圆筒形件。转动支撑板 1，可将弯曲件沿凸模轴线方向取出。凸模 2 既起凸模作用，又起芯轴作用。

对于圆筒直径 d 为 10~40mm，材料厚度约 1mm 的圆筒形件，可以采用摆动凹模式结构的弯曲模一次弯成，如图 3-16 所示。弯曲时，凸模 2 将坯料压入凹模内，先将坯料压成 U 形，然后凸模继续下行，下压摆动凹模 3 的底部，使摆动凹模绕轴向旋转，将工件弯成圆形。弯曲结束后向右推开支撑板 1，将工件从凸模上取下。摆动凹模闭合时将顶板 4 压下，通过顶杆 5 使装在下模板中间的通用弹顶器受压缩。回程时，弹顶器将顶杆顶起，通过顶板使摆动凹模复位。这种生产方式生产率高，但由于筒形件上部未受到校正，因而回弹较大。

（2）级进弯曲模 对于批量大、尺寸较小的弯曲件，为了提高生产效率，使之操作方

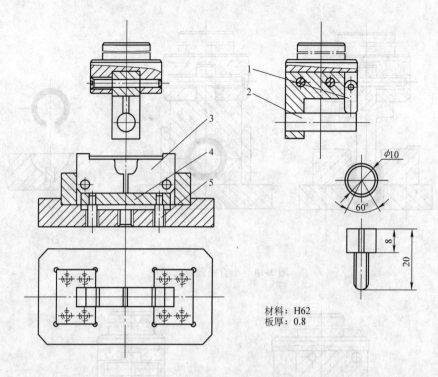

图 3-16　摆动凹模式一次弯曲
1—支撑板　2—凸模　3—摆动凹模　4—顶板　5—顶杆

便，保证产品质量，应采用多工位的冲裁、压弯、切断连续工艺成型的级进模，这是现代冲压模具的发展趋势；对于弯曲级进模，本书中不做详细的介绍。

（3）复合弯曲模　对于尺寸不大的弯曲件，还可以采用复合弯曲模，即在压力机的一次行程内，在模具的同一位置上完成落料、弯曲、冲孔等几种不同的工序。图 3-17 是切断、弯曲复合模，模具结构简单，制造容易，经济性好；但是工件的精度不高。

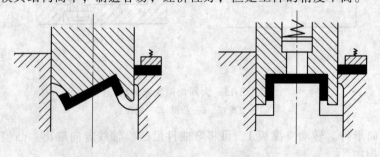

图 3-17　复合弯曲模

四、弯曲模设计结构时应注意的问题

为了保证弯曲件的质量，在弯曲模结构设计时应注意的问题归纳如下：

1）模具结构应保证坯料在弯曲时不发生偏移。为了防止坯料偏移，应尽量利用零件上的孔，用定位销定位。定位销装在顶板上时，应注意防止顶板与凹模之间产生窜动。若工件无孔，但允许在坯料上冲制工艺孔时，可以考虑在坯料上设计出定位工艺孔。当工件不允许有工艺孔时，可以采用定位尖、顶杆、顶等压紧坯料，防止弯曲过程中坯料的偏移。

2）模具结构设计时，应该注意放入和取出工件的操作要安全、迅速和方便。

3）对于对称弯曲件，弯曲模的凸模圆角半径和凹模圆角半径应保证两侧相等，以免弯曲时坯料发生滑动和偏移。

4）弹性材料的准确回弹值需要通过试模，并对凸、凹模进行修正后确定，因此模具的结构要便于拆卸。

5）U 形弯曲件校正力大时会贴附凸模，因此弯曲模需设计卸料装置。

6）设计制造弯曲模时，可以先将凸模圆角半径做成最小允许尺寸，以便试模后，根据需要修正放大。为了尽量减少工件在弯曲过程中的拉长、变薄和划伤等现象，弯曲模的凹模圆角应光滑，凸、凹模的间隙要适当，不宜过小。

7）模具结构应能保证弯曲时上、下之间水平方向的错移力得到平衡，可设计侧向力平衡挡块等结构。当分体式凹模受到较大的侧向力作用时，不能采用定位销承受侧向力，要将凹模嵌入下模座内固定。

思考与练习题

3-1　什么是弯曲？弯曲过程中各阶段的应力与应变状态如何？

3-2　提高弯曲极限变形程度的方法？

3-3　什么是最小弯曲半径？其影响因素有哪些？

3-4　影响回弹的因素是什么，减小回弹的措施有哪些？

3-5　弯曲件的工序安排原则？

3-6　弯曲模结构设计得注意哪些问题？

第四章 拉 深 模

学习目的：熟练拉深模具的基本概念、分类，典型的拉深模具图；掌握筒形件的拉深系数，拉深件的工艺性；了解拉深时零件的受力分析，拉深的辅助工序，拉深件的材料。

学习重点：拉深模具的典型结构。

拉深（又称拉延）是利用拉深模在压力机的压力作用下，将平板坯料或空心工序件制成开口空心零件的加工方法。

拉深工艺是冲压基本工序之一，广泛应用于汽车、电子、日用品、仪表、航空和航天等各种工业部门的产品生产中，不仅可以加工旋转体零件，还可加工盒形零件及其他形状复杂的薄壁零件。如果和其他成形工艺配合，还可以制造形状更复杂的零件。如图 4-1 所示，图 a 为轴对称旋转体拉深件，图 b 为盒形件，图 c 为不对称拉深件。

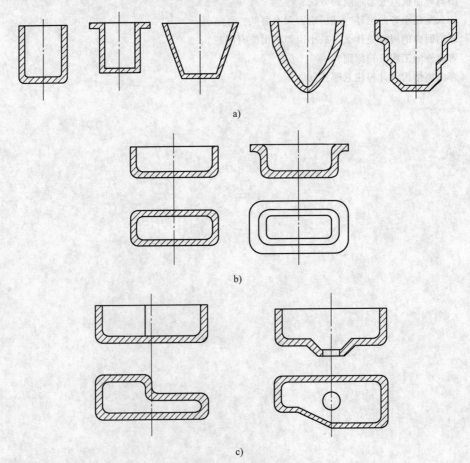

a)

b)

c)

图 4-1 常见拉深件示意图

拉深模具的特点是：结构相对较简单，与冲裁模比较，工作部分有较大的圆角，表面质量要求高，凸、凹模间隙略大于板料厚度。

拉深后的制件尺寸精度等级很高，公差等级可以达到 IT8~IT10。如果采用精密整形拉深方法，对于形状不是很复杂的制件甚至可以达到 IT6~IT8，表面质量与磨削相似。拉深件壁厚公差要求一般不应超出拉深工艺壁厚变化规律。据统计，不变薄拉深，壁的最大增厚量约为 $(0.2~0.3)\,t$；最大变薄量约为 $(0.10~0.18)\,t$（t 为板料厚度）。

第一节　拉深的变形过程及变形特点

一、拉深变形过程

拉深可分为不变薄拉深和变薄拉深。前者拉深成形后的零件，其各部分的壁厚与拉深前的坯料相比基本不变；后者拉深成形后的零件，其壁厚与拉深前的坯料相比有明显的变薄，这种变薄是产品要求的，零件呈现是底厚、壁薄的特点。在实际生产中，应用较多的是不变薄拉深。

本章重点介绍不变薄拉深工艺与模具设计。

拉深所使用的模具叫拉深模。拉深模结构相对较简单，与冲裁模比较，工作部分有较大的圆角，表面质量要求高，凸、凹模间隙略大于板料厚度。图 4-2 所示为有压边圈的拉深模的结构示意图。平板坯料放在压边圈 2 上，当凸模 1 下行时，首先由压边圈 2 和凹模 3 将平板坯料压住，随后凸模 1 将坯料逐渐拉入凹模孔内形成直壁圆筒。成形后，当凸模回升时，压边圈 2 将拉深件从凸模 1 上卸下。压边圈在这副模具中，既起压边作用，又起卸载作用。

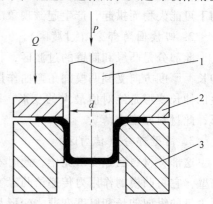

为了进一步研究拉深过程中的板料和模具的变化情况，我们引入网格试验。如图 4-3 所示，从网格试验中，可以进一步的说明拉深的时候金属的变形过程。拉深前在圆形平板坯料上画许多间距都等于 a 的同心圆和分度相等的辐射线，组成的网格如图 4-3a 所示；拉深后网格变化情况如图 4-3b 所示。桶形件底部的网格基本上保持原来的形状，而桶壁上的网格则发生了很大的变化。原来直径不等的同心圆变为桶壁上直径相等的圆，其间距由原来的 a 变为 a_1，a_2，a_3，…，而且 $a_1 > a_2 > a_3 > \cdots > a$，越靠近桶形件口部间距增加越多，原来分度相等的辐射线变成桶壁上的垂直平行线，其间距则完全相等，即由原来的 $b_1 > b_2 > b_3 > \cdots > b$ 变为 $b_1 = b_2 = b_3 = \cdots = b$。如果拿一个小单元来看，在拉深前是扇形（见图 4-3b）其面积为 A_1，拉深后变为矩形，其面积为 A_2。由于拉深前后，拌料的厚度变化很小，因此可以近似地认为拉深前后小单元的面积不变，即 $A_1 = A_2$。

图 4-2　拉深模具示意图
1—凸模　2—压边圈　3—凹模

拉深过程中某一瞬间坯料所处的状态。根据应力与应变状态不同，可将坯料划分为五个部分。

1. 凸缘部分（主变形区）

这是拉深的主要变形区，材料在径向拉应力和切向压应力的共同作用下产生切向压缩与

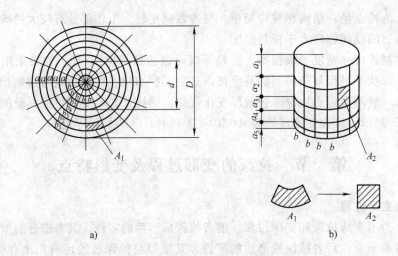

图 4-3 拉深用网格试验示意图

径向伸长变形而逐渐被拉入凹模。在厚度方向上，压边圈对材料施加压应力，因此材料处于二压一拉的三向应力状态。切向产生压缩变形，径向产生伸长变形，厚度方向上产生的变形取决于径向拉应力和切向压应力之间的比值：当径向拉应力的绝对值最大时，厚度方向上产生的变形为压应变；当切向压应力的绝对值最大时，厚度方向上产生的变形为拉应变。所以说，该区域的应变是三向的。一般在材料产生切向压缩和径向伸长的同时，厚度有所增厚，越接近于外缘，板料增厚越多。如果不压料，或压料力较小，这时板料增厚比较大。当拉深变形程度较大，板料又比较薄时，则在坯料的凸缘部分，特别是外缘部分，在切向压应力作用下可能失稳而拱起，产生起皱现象。

2. 凹模圆角部分（过渡区）

此部分是凸缘和筒壁的过渡区，材料变形复杂。切向受压应力而压缩，径向受拉应力而伸长，厚度方向受到凹模圆角弯曲作用产生压应力。该区域的变形状态也是三向的：径向产生的伸长变形是绝对值最大的变形，厚度方向上产生的变形和切向产生的压缩变形是压变形，此材料厚度变薄。

3. 筒壁部分（传力区）

这部分材料已经变形完毕，此时不再发生大的变形。凸缘部分材料经塑性变形后形成的筒壁，它将凸模的作用力传递给凸缘变形区，因此是传力区。该部分受单向拉应力作用，发生少量的纵向伸长和厚度变薄。变形和应力均为平面状态。

4. 凸模圆角部分（过渡区）

此部分是筒壁和圆筒底部的过渡区。拉深过程一直承受径向拉应力和切向拉应力的作用，同时厚度方向受到凸模圆角的压力和弯曲作用，形成较大的压应力，因此这部分材料变薄严重，尤其是与筒壁相切的部位，此处最容易出现拉裂，是拉深的"危险断面"。其原因是：此处传递拉深力的截面积较小，因此产生的拉应力较大。同时，该处所需要转移的材料较少，故该处材料的变形程度很小，冷作硬化（冷塑性变形对金属组织和性能的影响之一）较低，材料的屈服极限也就较低。而与凸模圆角部分相比，该处又不像凸模圆角处那样，存在较大的摩擦阻力。因此，在拉深过程中，此处变薄便最为严重，是整个零件强度最薄弱的地方，易出现变薄超差甚至拉裂。

5. 筒底部分（小变形区）

这部分材料与凸模底面接触，直接接收凸模施加的拉深力传递到筒壁，是传力区。该处材料在拉深开始时即被拉入凹模，并在拉深的整个过程中保持其平面形状。它受到径向和切向双向拉应力作用，变形为径向和切向伸长，厚度变薄，但变形量很小。

从拉深过程坯料的应力应变的分析中可见：坯料各区的应力与应变是很不均匀的，即使在凸缘变形区内也是这样，越靠近外缘，变形程度越大，板料增厚也越多。拉深成形后制件壁厚和硬度分布情况可以看出，拉深件下部壁厚略有变薄，壁部与圆角相切处变薄严重，口部最厚。由于坯料各处变形程度不同，加工硬化程度也不同，表现为拉深件各部分硬度不一样，越接近口部，硬度愈大。

二、起皱和拉裂

拉深过程中出现质量问题主要有凸缘变形区的起皱和筒壁传力区的拉裂两种。

凸缘区起皱是由于切向压应力引起板料失去稳定而产生弯曲；传力区的拉裂是由于拉应力超过抗拉强度引起板料断裂。同时，拉深变形区板料有所增厚，而传力区板料有所变薄。

凸缘变形区的"起皱"和筒壁传力区的"拉裂"是拉深工艺能否顺利进行的主要障碍。为此，必须了解起皱和拉裂的原因，在拉深工艺和拉深模设计等方面采取适当的措施，才能够保证拉深工艺的顺利进行，并且提高拉深件的质量。

1. 凸缘变形区的起皱

拉深过程中，凸缘区变形区的材料在切向压应力的作用下，可能会产生失稳起皱。图4-4为拉深起皱示意图。凸缘区会不会起皱，主要决定于两个方面：一方面是切向压应力的大小，越大越容易失稳起皱；另一方面是凸缘区板料本身的抵抗失稳的能力，凸缘宽度越大，厚度越薄，材料弹性模量和硬化模量越小，抵抗失稳能力越小。在拉深过程中变形是随着拉深的进行而增加的，但凸缘变形区的相对厚度也在增大。这说明拉深过程中失稳起皱的因素在增加，而抗失稳起皱的能力也在增加。

在设计拉深模具时要设计压边装置，通过压边圈的压力将平面凸缘部分压紧，以防止起皱。压边力的大小必须适当。压边力过大，将导致拉深力过大而使得危险断面拉裂；压边力过小，则不能有效的防止起皱。在设计压边装置时，应该考虑便于调节压边力，以便在保证材料不起皱的前提下，采用尽可能小的压边力。

2. 筒壁的拉裂

在拉深过程中，如果筒壁传力区的径向拉应力太大，超过了危险断面处的材料的强度极限，就会产生拉裂现象，使得拉深件报废，如图4-5所示。筒壁所受的拉应力除了与径向拉应力有关之外，还与由于压料力引起的摩擦阻力、坯料在凹模圆角表面滑动所产生的摩擦阻力和弯曲变形所形成的阻力有关。

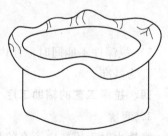

图4-4　拉深起皱示意图

筒壁会不会拉裂主要取决于两个方面：一方面是筒壁传力区中的拉应力；另一方面是筒壁传力区的抗拉强度。当筒壁拉应力超过筒壁材料的抗拉强度时，拉深件就会在底部圆角与筒壁相切处"危险断面"产生破裂。

防止起皱和拉裂的措施：

（1）防止失稳起皱　在拉深中采用压边装置是通常的防皱措施。设计具有高抗失稳能力的中间半成品的形状，采用厚度方向上异向指数大的材料等，都能有利于提高圆筒形件抵抗起皱。

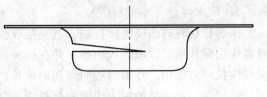

图 4-5 拉深拉裂示意图

（2）防止桶壁的拉裂　要防止筒壁的拉裂，一方面要通过改善材料的力学性能，提高筒壁抗拉强度；另一方面是通过正确制定拉深工艺和设计模具，合理确定拉深变形程度、凹模圆角半径、合理改善条件润滑等，以降低筒壁传力区中的拉应力；此外，通过建立不同的温度条件而改变传力区和变形区的强度性能的拉深方法，也可以防止桶壁的拉裂。

三、拉深件的结构工艺性

拉深件的结构对拉深成型过程比较重要，设计时应注意以下几点：

1）拉深件形状应尽量简单、对称，尽可能一次拉深成形。

2）需多次拉深的零件，在保证必要的表面质量前提下，应允许内、外表面存在拉深过程中可能产生的痕迹。

3）在保证装配要求的前提下，应允许拉深件侧壁有一定的斜度。

4）拉深件的底或凸缘上的孔边到侧壁的距离应满足（见图 4-6）：

$$a \geqslant R + 0.5t$$

拉深件的底与壁、凸缘与壁、矩形件四角的圆角半径应满足：$r \geqslant t$，$R \geqslant 2t$，$r_1 \geqslant 3t$。否则，应增加整形工序。

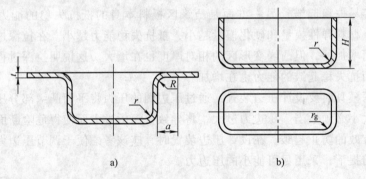

a)　　　　　　　　　　b)

图 4-6 拉深件的孔边距及圆角半径

5）拉深件不能同时标注内外形尺寸；带台阶的拉深件，其高度方向的尺寸标注一般应以底部为基准。

四、拉深工艺的辅助工序

1. 润滑

摩擦力对于板料成形有的是有益的，有的是有害的，我们有必要对其进行润滑。

2. 热处理

对于普通硬化的金属（如 08 钢、10 钢、15 钢、黄铜和退火过的铝等），若工艺过程正确，模具设计合理，一般可不要进行中间热处理。对高度硬化金属（如不锈钢、耐热钢、退火纯铜等），一般一、二道工序后就要进行中间热处理，而且应及时进行，尤其不锈钢、耐热钢、黄铜更要注意这一点。

3. 酸洗

1）酸洗的目的：为了去除热处理工序件的表面氧化皮及其他污物。

2）酸洗的方法：一般是将冲件置于加热的稀酸液中浸蚀，接着在冷水中漂洗，后在弱碱溶液中将残留于冲件上的酸中和，最后在热水中洗涤并经烘干即可。退火、酸洗是延长生产周期和增加生产成本、产生环境污染的工序，应尽可能加以避免。

第二节　拉深模的典型结构

一、拉深模的分类

拉深模结构相对较简单。根据拉深模使用的压力机类型不同，拉深模可分为单动压力机用拉深模和双动压力机用拉深模，它们的本质区别在于使用弹性压边圈还是刚性压边圈；根据拉深顺序可分为首次拉深模和以后各次拉深模，它们之间的本质区别是压边圈的结构和定位方式；根据工序组合可分为单工序拉深模、复合工序拉深模和连续工序拉深模；根据压料情况可分为有压边装置和无压边装置拉深模。

此外还有一些其他的拉深方法，比如：软模拉深是用橡胶、液体或者气体的压力代替刚性凸模或凹模，直接作用在坯料上；温差拉深是一种强化拉深过程的方法，可以减小变形区材料的变形抗力，提高传力去的承载能力；变薄拉深是在拉深过程中改变拉深件筒壁的厚度，但坯料直径变化很小。

图 4-7 为有压边圈的首次拉深模的结构图，该拉深模结构相对较简单，与冲裁模比较，工作部分有较大的圆角，表面质量要求高，凸、凹模间隙略大于板料厚度。平板坯料放入定位板 6 内，当上模下行时，首先由压边圈 5 和凹模 7 将平板坯料压住，随后凸模 10 将坯料逐渐拉入凹模孔内形成直壁圆筒。成形后，当上模回升时，弹簧 4 恢复，利用压边圈 5 将拉深件从凸模 10 上卸下，为了便于成形和卸料，在凸模 10 上开设有通气孔。压边圈在这副模具中，既起压边作用，又起卸载作用。

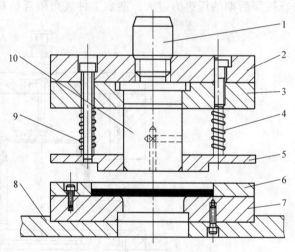

图 4-7　有压边圈的首次拉深模结构图
1—模柄　2—上模座　3—凸模固定板　4—弹簧　5—压边圈
6—定位板　7—凹模　8—下模座　9—卸料螺钉　10—凸模

二、单动压力机上使用的拉深模

图 4-8 所示为有压边装置的倒装首次拉深模，工作时坯料由压边圈 5 定位，压边力由弹性元件的压缩产生。拉深完的工件在回程时由推件块 2 从凹模 3 内推出。凸模 9 为阶梯式，借助固定板 6 和下垫板 8 连接在一起。这种固定方式可以保证凸模与下垫板的垂直度。如果采用顺装式的结构，压边装置的弹性元件需要单独设计和制造，将会使得模具总体尺寸增大，制造成本增加。所以，我们采用倒装的冲压成形方式。

图 4-9 所示为有压边装置的倒装再次拉深模。压边圈 6 是工序件的外形定位圈，压边圈

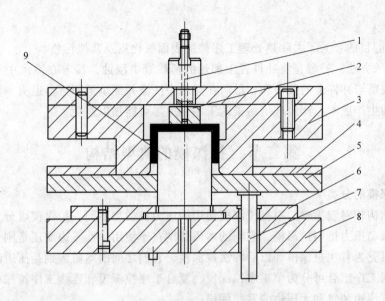

图 4-8 有压边倒装首次拉深模

1—打杆 2—推件块 3—凹模 4—定位圈 5—压边圈 6—固定板 7—顶杆 8—下垫板 9—凸模

的高度应该大于前次工序件的高度，其外径按照已经拉成的前工序的内径配作。回程时，工件由推件块 3 从凹模 4 内推出。可调式限位柱使压边圈与凹模之间始终保持一定的距离，以防止拉深后期的压边力过大，造成工件底角附近板料过薄，甚至拉破。

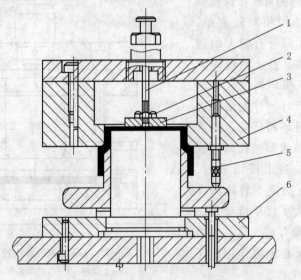

图 4-9 有压边倒装再拉深模

1—打杆 2—螺母 3—推件块 4—凹模 5—限位柱 6—压边圈

三、双动压力机上使用的拉深模

图 4-10 所示为双动压力机用首次拉深模，下模由凹模 2、定位板 3、凹模固定板 8 和下模座 1 组成。双动压力机有两个滑块，凸模 7 与拉深滑块（内）相连接，而上模座 4 和压边圈 5 与压边滑块（外）相连接。拉深时外滑块带动压边圈压住坯料，然后内滑块带动拉深

凸模下行进行拉深。该模具制造成本低，但是压力机设备投资高。

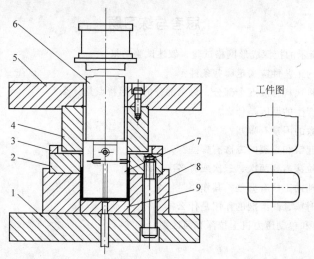

图 4-10 双动压力机用首次拉深模

1—下模座 2—凹模 3—定位块 4—上模座 5—压边圈
6—凸模固定板 7—凸模 8—凹模固定板 9—顶板

图 4-11 所示为双动压力机用再次拉深模。该模具与首次拉深模具的不同之处在于：所用坯料是拉深后的工序件，定位板比较厚，拉深后零件被对称的分布在凸模两边的圆弧形卸料板从凸模上卸下来。该模具适合用于拉深不带凸缘的拉深件。

四、其他复杂的拉深模

其他形状零件的拉深，其变形特点是：

（1）有凸缘圆筒形件的拉深 变形特点：该类零件的拉深过程，其变形区的应力状态和变形特点与无凸缘圆筒形件是相同的，但坯料凸缘部分不是全部拉入凹模。

（2）阶梯形件的拉深 变形特点：阶梯形件的拉深与圆筒形件的拉深基本相同，也就是说每一阶梯相当于相应圆筒形件的拉深。

（3）曲面形状零件的拉深 球面、锥面、抛物面形状冲件拉深成形共同特点是由拉深和胀形两种变形方式的复合。起皱成为此类零件拉深要解决的主要问题。要做到既不起皱又不破裂。

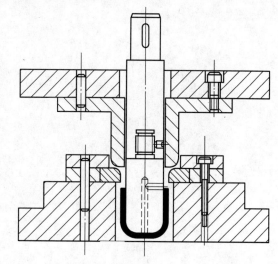

图 4-11 双动压力机用再拉深模

（4）盒形件的拉深 变形特点：盒形件是非旋转体零件，拉深变形时，圆角部分相当于圆筒形件拉深，而直边部分相当于弯曲变形。沿周边应力应变分布不均匀。工艺计算复杂，准确性不高，必要时需要工艺试验。模具间隙、圆角半径沿周边分布不均匀。

此外还有高精密连续拉深模，其特点是：生产效率高；产品精度高；但是制造装配难度大；维护成本高。一般用于高精度产品的开发。

思考与练习题

4-1 根据图 4-3 所示的拉深成形网格试验，叙述试验结果。

4-2 拉深件结构的工艺性应满足哪些条件？

4-3 拉伸过程中将坯料分成五个部分，每个部分的变形特点是什么？

4-4 起皱和拉裂产生的原因是什么？

4-5 影响拉深系数的因素有哪些？

4-6 防止拉深中起皱和拉裂的方法有哪些？

4-7 为什么有些拉深需要两次、三次或者多次拉深？

4-8 拉深工艺的辅助工序有哪些？其作用是什么？

4-9 拉深变形的时候，润滑剂的作用是什么？

4-10 双动压力机和单动压力机上拉深有何区别？

第五章　塑料与塑料模的分类

学习目的：掌握塑料的组成、特性及分类；了解常用热固性塑料和热塑性塑料的特性。
学习重点：掌握塑料模的分类方法。

第一节　塑　料

一、塑料的成分

我们日常生活中所使用的塑料一般是由树脂和各种添加剂组成的。其中树脂是塑料的主要成分，它决定了塑料的类型，影响着塑料的基本性能，同时也起到粘结添加剂的作用。按照塑料中添加剂的多少，可将塑料分为简单组分和多组分塑料。简单组分塑料基本上是以树脂为主，加入少量添加剂，如稳定剂、着色剂、润滑剂等。属于这类塑料的有聚苯乙烯、有机玻璃等。也有不加任何添加剂的塑料如聚四氟乙烯等。多组分塑料除树脂外，还加入较多的添加剂，如填充剂、增塑剂、润滑剂等。属于这类塑料的有聚氯乙烯、酚醛塑料等。一般简单组分的塑料，树脂含量约为 90% ~ 100%；复杂组分的塑料，树脂含量常在 40% ~ 60%。

1. 树脂

树脂属于高分子化合物，是在受热时软化，在外力作用下有流动倾向的聚合物。按照其来源不同，可以分为天然树脂和人工合成树脂。天然树脂是从树木分泌出来的脂物，如松香；有热带昆虫的分泌物，如虫胶；有从石油中得到的，如沥青。但由于天然树脂产量有限，性能较差等原因，远远不能满足目前工业生产的需要，所以在生产中一般都是采用人工合成树脂。人工合成树脂是用人工合成的方法制成的树脂，如环氧树脂、聚乙烯、聚氯乙烯、酚醛树脂、氨基树脂等。

2. 添加剂

塑料添加剂的种类很多，有填充剂、增塑剂、着色剂、润滑剂、稳定剂等，大约有十几大类上千个品种。根据塑料的不同用途和对塑料性能的要求，可适当地选择添加剂加入到一定的树脂中，以获得一定性能的塑料。

（1）填充剂　填充剂又称填料，它在塑料中的作用有两种情况：一种是为了减少树脂含量，降低塑料成本，在树脂中掺入一些廉价的填充剂，此时填充剂是起增量作用；另一种是既起增量作用又起改性作用，填充剂不仅使塑料成本大为降低，而且使塑料性能得到显著改善，扩大了塑料的应用范围。

填充剂的形状有粉状、纤维状和片状三种。常用的粉状填充剂有木粉、滑石粉、铁粉、石墨粉等；纤维状填料有玻璃纤维、石棉纤维等；片状填料有麻布、棉布、玻璃布等。

（2）增塑剂　增塑剂的作用是为了增加塑料的塑性、流动性和柔韧性，改善成型性能，降低刚性和脆性，通常加入高沸点液态或低熔点固态的有机化合物。

选择增塑剂时要选择与树脂相容性好、不易挥发、化学稳定性好、耐热、无色、无臭、无毒、廉价的材料。常用的增塑剂有邻苯二甲酸二丁酯、邻苯二甲酸二辛酯、癸二酸二丁酯、癸二酸二辛酯以及磷酸酯类等。

（3）着色剂　着色剂主要是起装饰美观的作用，同时还能提高塑料的光稳定性、热稳定性和耐气候性。

常用的着色剂有钛白粉、铬黄、铬红、联苯胺黄、酞青蓝、分散红、士林黄、士林蓝等。要使塑料具有特殊的光学性能，可在塑料中加入珠光色料、磷光色料和荧光色料等。

（4）润滑剂　稳定剂的作用是抑制和防止树脂在加工过程中发生粘模，同时还能改善塑料的流动性以及提高塑料表面光泽程度。常用的润滑剂有硬酯酸、石蜡和金属皂类（硬酯酸钙、硬酯酸锌）等。

（5）稳定剂　稳定剂的作用是抑制和防止树脂在加工过程或使用过程中产生降解。所谓降解是聚合物在热、力、氧、水、光、射线等作用下，大分子断链或化学结构发生有害变化的反应。

根据稳定剂的作用不同，可以分为三种：热稳定剂、光稳定剂和抗氧化剂。常用的热稳定剂有三盐基性硫酸铅和硬脂酸钡；常用的光稳定剂是2-羟基-4-甲氧基二苯甲酮；常用的抗氧化剂是2.6-二叔丁基对甲苯酚。

二、塑料的特性

与金属材料及其他材料相比，塑料具有很多优良的性能，主要表现在：

（1）密度（ρ）小　塑料的密度较小，一般在 $0.83 \sim 2.2 \mathrm{g/cm^3}$ 之间，只有铝的 $1/2$，铜的 $1/6$，钢的 $1/8 \sim 1/4$。目前最轻的塑料是聚4-甲基戊烯-1，密度为 $0.83 \mathrm{g/cm^3}$；最重的是聚四氟乙烯，密度为 $2.2 \mathrm{g/cm^3}$。日常生活中用到较多的泡沫塑料的密度更小，其密度小于 $0.01 \mathrm{g/cm^3}$。

密度小，就等于在相同体积下，质量轻，所以塑料对于减轻机械重量具有十分重要的意义，尤其是对车辆、船舶、飞机、宇宙航行器等而言。

（2）比强度（σ/ρ）和比钢度（E/ρ）高　塑料的强度和刚度虽然不如金属好，但塑料的密度小，所以其比强度和比刚度高。尤其以各种高强度的纤维状、片状或粉末状的金属或非金属为添加剂而制成较高强度的增强塑料，如玻璃纤维增强塑料，其比强度比一般钢材的比强度还高。

（3）化学稳定性好　塑料对酸、碱等化学药物具有良好的抗腐蚀能力。特别是聚四氟乙烯是已知材料中化学稳定性最好的材料，除了熔融的碱金属外，其他化学药品，包括能溶解黄金的沸腾王水也不能腐蚀它。因此，在化工设备以及日用和工业品中得到广泛应用。

（4）电绝缘性能好　塑料具有优越的电绝缘性能和耐电弧特性，所以广泛应用于电机、电器和电子工业中做结构零件和绝缘材料，例如旋钮、开关、接线板、插座等。

（5）耐磨和自润滑性能好　由于塑料的摩擦因数小、耐磨性强、自润滑性能好，可以制造成轴承、齿轮、凸轮和滑轮等机器零件。

（6）成型性能好　由于塑料在一定条件下具有良好的塑性，因而可以用各种高生产率的成型方法制造制品，如塑料的注射成型、压缩成型、吹塑成型、中空成型和挤出成型等。

（7）绝热、隔声和吸振性能好　由于塑料的绝热、隔声和吸振性能好，所以广泛应用于保温材料、建筑材料和各种机械元件中。

除此之外，塑料还具有防水、防潮、防透气、防震、防辐射等多种防护性能，而且塑的着色范围广,可以染成各种颜色,光学性能也较好,具有良好的光泽。

但塑料与金属材料相比,也存在一些不足之处,如机械强度和硬度一般比金属材料低,耐热和导热性比金属材料差,一般的塑料工作温度仅 100℃ 左右;热导率是钢的 1/200 ~ 1/300,是有色金属的 1/500 ~ 1/600;吸水性大,易老化,膨胀和收缩性较大等。这些缺点使塑料的应用受到一定的限制。但由于塑料有上述优越性,且针对其不足之处进行了改进,新型、耐热、高强度塑料的不断发展,因而塑料的应用越来越广泛,出现了金属、陶瓷、玻璃、木材材料塑料化的趋向。

三、塑料的分类性能

塑料的品种繁多、性能各异,为了生产和使用中的方便,常将不同用途、不同性能的塑料加以分类。塑料的分类方法很多,一般从两个方面来分类。

1. 按塑料的使用性能进行分类

按照塑料的使用性能及用途,可分为通用塑料、工程塑料和增强塑料。

(1) 通用塑料 它是指作为非结构材料使用,产量大,价格低廉,用途广,成型性好的塑料。主要有聚乙烯、聚丙烯、聚氯乙烯、酚醛塑料和氨基塑料等。

(2) 工程塑料 它是指作为结构材料使用,具有某些金属材料的性能,能承受一定的外力作用,并有良好力学性能和尺寸稳定性以及在高、低温下仍具有优良性能的塑料,主要有聚酰胺、聚砜、聚碳酸酯、聚甲醛、ABS 塑料等。

(3) 增强塑料 它是指在塑料中加入玻璃纤维等填料作为增强材料,以进一步改善塑料的力学、电气性能,这种新型的复合材料通常称为增强塑料。增强塑料具有优良的力学性能,比强度和比刚度高。常用的增强塑料有氟塑料、有机硅塑料等。

2. 按塑料中合成树脂的分子结构和热性能分类

按塑料中合成树脂的分子结构及热性能的不同,可分为热固性塑料和热塑性塑料两大类。

(1) 热塑性塑料 热塑性塑料中树脂的分子是线型或支链型结构。它在加热时软化并熔融,成为可流动的粘稠液体,可成型为一定形状,冷却后保持已成型的形状。如果再次加热,又可以软化并熔融,可再次成型为一定形状的制品,如此可反复多次。在上述过程中,一般只有物理变化而无化学变化。

由于热塑性塑料具有上述特点,因此,在塑料加工过程中产生的边角料及废品可以回收再利用,节约了原材料,降低了成本,减少了污染,从而使热塑性塑料的应用越来越广泛。

常用的热塑性塑料有聚乙烯、聚丙烯、聚氯乙烯、聚苯乙烯、ABS 塑料、有机玻璃、聚甲醛、聚碳酸酯、聚砜、聚苯醚、聚三氟乙烯等。常用热塑性塑料的使用性能及用途见表 5-1.常用热塑性塑料的成型性能见表 5-2。

表 5-1 常用热塑性塑料的使用性能及用途

塑料名称	性　能	用　途
硬聚氯乙烯	机械强度高,电气性能优良,耐酸碱力极强,化学稳定性好,但软化点低	适于制造棒、管、板、焊条、输油管及酸碱零件
软聚氯乙烯	伸长率大,机械强度、耐腐蚀性、电绝缘性均低于硬聚氯乙烯,且易老化	适于制作薄板、薄膜、电线电缆绝缘层、密封件等

（续）

塑料名称	性　能	用　途
聚乙烯	耐腐蚀性、电绝缘性（尤其高频绝缘性）优良，可以氯化、辐照改性，可用玻璃纤维增强 　　低压聚乙烯熔点、刚性、硬度和强度较高，吸水性小，有突出的电气性能和良好的耐辐射性 　　高压聚乙烯柔软性、伸长率、冲击强度和透明性较好 　　超高分子量聚乙烯冲击强度高，耐疲劳，耐磨，用冷压烧结成型	低压聚乙烯适于制作耐腐蚀零件和绝缘零件 高压聚乙烯适于制作薄膜等 超高分子量聚乙烯适于制作减摩、耐磨及传动零件
聚丙烯	密度小，强度、刚度、硬度、耐热性均优于低压聚乙烯，可在100℃左右使用。具有优良的耐腐蚀性，良好的高频绝缘性，不受温度影响；但低温变脆，不耐磨，易老化	适于制作一般机械零件、耐腐蚀零件和绝缘零件
聚苯乙烯	电绝缘性（尤其高频绝缘性）优良，无色透明，透光率仅次于有机玻璃，着色性、耐水性、化学稳定性良好，机械强度一般，但性脆，易产生应力破裂，不耐苯、汽油等有机溶剂	适于制作绝缘透明件、装饰及化学仪器、光学仪器等零件
聚苯乙烯改性有机玻璃	透明性极好，机械强度较高，有一定的耐热、耐寒和耐气候性，耐腐蚀。绝缘性良好，综合性能超过聚苯乙烯，但质脆，易溶于有机溶剂。如作透光材料，其表面硬度稍低，容易擦毛	适于制作绝缘零件及透明和强度一般的零件
苯乙烯-丙烯腈共聚物（AS）	冲击强度比聚苯乙烯高，耐热、耐油、耐蚀性好，弹性模量为现有热塑性塑料中较高的一种，并能很好地耐某些使聚苯乙烯应力开裂的烃类	广泛用来制作耐油、耐热、耐化学腐蚀的零件及电信仪表的结构零件
苯乙烯-丁二烯-丙烯腈共聚物（ABS）	综合性能较好，冲击韧性、机械强度较高，尺寸稳定，耐化学性，电性能良好；易于成型和机械加工，与372有机玻璃的熔接性良好，可作双色成型塑件，且表面可镀铬	适于制作一般机械零件、减摩耐磨零件、传动零件和电信结构零件
聚酰胺（尼龙）	坚韧，耐磨，耐疲劳，耐油，耐水，抗霉菌，但吸水大 尼龙6弹性好，冲击强度高，吸水性较大 尼龙66强度高，耐磨性好 尼龙610与尼龙66相似，但吸水性和刚性都较小 尼龙1010半透明，吸水性较小，耐寒性较好	适于制作一般机械零件、减摩耐磨零件、传动零件，以及化工、电器仪表等零件
聚甲醛	综合性能良好，强度、刚性高，抗冲击、疲劳、蠕变性能较好，减摩耐磨性好，吸水小，尺寸稳定性好，但热稳定性差，易燃烧，长期在大气中暴晒会老化	适于制作减摩零件、传动零件、化工容器及仪器仪表外壳

表 5-2　常用热塑性塑料的成型性能

塑料名称	成　型　性　能
硬聚氯乙烯	①　无定形料，吸湿性小，流动性差。为了提高流动性，防止发生气泡，塑料可预先干燥。模具浇注系统宜粗短，浇口截面宜大，以防死角。模具须冷却，表面镀铬 ②　极易分解，特别在高温下与钢、铜接触更易分解（分解温度为200℃），分解时逸出腐蚀性、刺激性气体。成型温度范围小 ③　采用螺杆式注射机及直通式喷嘴时，孔径宜大，以防死角滞料，滞料时必须及时消除

塑料名称	成 型 性 能
软聚氯乙烯	① 结晶料，吸湿性小，流动性极好（溢边值为0.02mm左右）。流动性对压力敏感，故成型时宜选用高压注射。料温应均匀，填充速度应快，保压应充分。不宜用直接浇口，以防收缩不匀，方向性明显，内应力增大。应注意选择浇口位置，防止产生缩孔和变形 ② 冷却速度慢，模具宜设冷料穴，并有冷却系统 ③ 收缩范围和收缩值大，方向性明显，易变形翘曲。结晶温度及模具冷却条件对收缩率影响较大，故成型时应控制模温，保持冷却均匀稳定 ④ 加热时间不宜过长，否则会发生分解、烧伤 ⑤ 软质塑件有较浅的侧凹槽时，可强行脱模 ⑥ 可能发生熔体破裂，不宜与有机溶剂接触，以防开裂
聚丙烯	① 结晶料，吸湿性小，可能发生熔体破裂，长期与热金属接触易发生分解 ② 流动性极好（溢边值为0.03mm左右），但成型收缩范围和收缩值大，易发生缩孔、凹痕、变形，方向性强 ③ 冷却速度快，浇注系统及冷却系统缓慢散热，并注意控制成型温度。料温低，方向性明显，低温高压时尤其明显。模具温度低于50℃时，塑件光泽差，易产生熔接不良、流痕，90℃以上易发生翘曲变形 ④ 塑件壁厚须均匀，避免缺口、尖角，以防应力集中
聚苯乙烯	① 无定形料，吸湿性小，不易分解，但性脆易裂，热膨胀系数大，易产生内应力 ② 流动性较好（溢边值为0.03mm左右），可用螺杆或柱塞式注射机成型。喷嘴用直通式或自锁式，但应防止飞边 ③ 宜采用高料温、高模温、低注射压力，延长注射时间有利于降低内应力，防止缩孔、变形（尤其对厚壁塑件）。料温过高易出现"银丝"，料温过低或脱模剂过多则透明性差 ④ 可采用各种形式的浇口，浇口与塑件应圆弧连接，防止去除浇口时损坏塑件。脱模斜度宜大，顶出均匀，以防脱模不良而发生开裂变形 ⑤ 塑件壁厚均匀，最好不带嵌件（如有嵌件应预热）。各面应圆弧连接，不宜有缺口、尖角
苯乙烯-丙烯腈共聚物（AS）	① 无定形料，热稳定性好，不易分解，但吸湿性大 ② 流动性比ABS好，不宜出飞边，但易发生裂纹（尤其在浇口处），因此塑件不能有缺口、尖角。顶出须均匀，脱模斜度宜大
苯乙烯-丁二烯-丙烯腈共聚物（ABS）	① 无定形料，流动性中等，比聚苯乙烯、AS差，但比聚碳酸酯、聚氯乙烯好，溢边值为0.03mm左右 ② 吸湿性强，必须充分干燥，表面要求光泽的塑件须经长时间的预热干燥 ③ 成型时宜取高料温、高模温，但料温过高易分解（分解温度为≥250℃）。对精度较高的塑件，模温宜取50~60℃；对光泽、耐热塑件，模温宜取60~80℃。注射压力高于聚苯乙烯。用柱塞式注射机成型时，料温为180~230℃，注射压力为（1000~1400）×10⁵Pa。用螺杆式注射机成型时，料温为160~220℃，注射压力为（700~1000）×10⁵Pa
聚乙烯改性聚甲基丙烯酸甲酯（372有机玻璃）	① 无定形料，吸湿大，不易分解 ② 流动性中等，溢边值为0.03mm左右，易发生填充不良、缩孔、凹痕、熔接痕等 ③ 适宜高压注射，在不出现缺陷的条件下宜取高料温、高模温，以便增加流动性，降低内应力，改善透明性及强度 ④ 模具浇注系统表面光洁，对料流的阻力应小，脱模斜度应大，顶出均匀。应考虑排气，防止出现气泡，"银丝"、熔接痕等

（2）热固性塑料　热固性塑料中树脂的分子最终是呈体型结构。它在受热之初，因分子呈线型结构，故具有可塑性和可熔性，可成型为一定形状。当继续加热时，线型高聚物分子主链间形成化学键结合，分子呈网型结构，当温度达到一定值后，分子变为体型结构，树脂变为既不熔融也不溶解，形状固定下来不再变化，称为固化。如果再加热，不再软化，不再具有可塑性。在上述成型过程中，既有物理变化又有化学变化。

由于热固性塑料具有上述特点，因此制品一旦损坏便不能回收再用。

常用的热固性塑料有酚醛塑料、氨基塑料、环氧塑料、聚邻苯二甲酸二烯丙酯、有机硅塑料、硅酮塑料等。常用热固性塑料的使用性能及用途见表5-3。常用热固性塑料的成型性能见表5-4。

表5-3　常用热固性塑料的使用性能及用途

塑料名称	型号举例	性　能	用　途
酚醛塑料	R131、R121 R135、R138	可塑性和成型工艺性良好。适宜于压缩成型	主要用来制造日常生活和文教用品
	H161	防霉、耐湿性优良，机械物理性能和电绝缘性能良好。适宜于压塑成型，也可用于挤塑成型	用来制造电器、仪表的绝缘结构件，可在湿热条件下使用
氨基塑料	塑33-3 塑33-5	耐弧性和电绝缘性良好，耐水、耐热性较高。适宜于压塑成型，塑33-5还适宜于挤塑成型	主要用来制造要求耐电弧的电工零件以及绝缘、防爆等矿用电器零件
	脲-甲醛塑料	着色性好，色泽鲜艳，外观光亮，无特殊气味，不怕电火花，有灭弧能力，防霉性好，耐热、耐水性比酚醛塑料弱	用来制造日用品、航空和汽车的装饰件、电器开关、灭弧器材及矿用电器等
有机硅塑料	浇铸料	耐高低温、耐潮、憎水性好，电阻高、高频绝缘性好，耐辐射、耐臭氧	主要用于电工、电子元件及线圈的灌封与固定
	塑料粉		用来制造耐高温、耐电弧和高频绝缘零件
硅酮塑料		电性能良好，可在很宽的频率和温度范围内保持良好性能，耐热性好，可在 -90 ~ 300℃下长期使用，耐辐射、防水、化学稳定性好，抗裂性良好。可低压成型	主要用于低压挤塑封装整流器、半导体管及固体电路等
环氧塑料	浇铸料	强度高、电绝缘性优良、化学稳定性和耐有机溶剂性好，对许多材料的粘结力强，但性能受填料品种和用量的影响	主要用于电工、电子元件及线圈的灌封与固定，还可用来修复零件

表5-4　常用热固性塑料的成型性能

塑料名称	成　型　性　能
酚醛塑料	①　成型性能好，但收缩及方向性一般比氨基塑料大，并含有水分挥发物。成型前应预热，成型过程中应排气。不预热者应提高模温和成型压力 ②　温度对流动性影响较大，一般超过160℃时，流动性会迅速下降 ③　硬化速度一般比氨基塑料慢，硬化时放出的热量大。大型厚壁塑件的内部温度易过高，容易发生硬化不均和过热

塑料名称	成 型 性 能
氨基塑料	① 流动性好，硬化速度快，故预热及成型温度要适当，装料、合模及加压速度要快 ② 成型收缩率大，脲甲醛塑料等不宜挤塑大型塑件 ③ 含水分挥发物多，易吸湿、结块，成型时应预热干燥，并防止再吸湿，但过于干燥则流动性下降。成型时有水分及分解物，有弱酸性，模具应镀镉，防止腐蚀，成型时应排气 ④ 成型温度对塑件质量影响较大。温度过高易发生分解、变色、气泡、开裂、变形、色泽不匀；温度低时流动性差，无光泽，故应严格控制成型温度 ⑤ 料细、比体积大、料中冲气多，用预压锭成型大塑件时易发生波纹及流痕，故一般不宜采用 ⑥ 性脆，嵌件周围易应力集中，尺寸稳定性差 ⑦ 储存期长、储存温度高时会引起流动性迅速下降
有机硅塑料	① 流动性好，硬化速度慢，压塑成型时需要较高的成型温度 ② 压塑成型后，须经过高温固化处理
硅酮塑料	① 流动性极好，易溢料，收缩小，但储存温度高时会使流动性迅速下降 ② 硬化速度慢，成型后需高温固化，并可能发生后收缩。塑件厚度大于 10mm 时，应逐渐升温和适当延长保温时间，否则易脆裂 ③ 用于封装集成电路等电子元件时，进料口位置及截面应注意防止融料流速太快，或直接冲击细弱元件。主浇道截面尺寸不宜过小，进料口相对方向宜开溢料槽
环氧塑料（浇注料）	① 流动性好，硬化收缩小，但热刚性差，不易脱模 ② 硬化速度快，硬化时一般不需要排气，装料后应立即加压
玻璃纤维增强塑料	① 流动性比一般压缩料差，但物料渗入力强，飞边厚，且不易去除，故选择分型面时，应注意飞边方向。上、下模及镶拼件宜取整体结构，若采用组合结构，其装配间隙不宜取大，上下模可拆的成型零件宜取 IT8～IT9 级间隙配合 ② 收缩小，收缩率一般取 0.1%～0.2%，但有方向性，易发生熔接不良、变形、翘曲、缩孔、裂纹、应力集中、树脂填料分布不均现象。薄壁件易碎，不易脱模，大面积塑件易发生波纹及物料聚积 ③ 成型压力大，物料渗挤力大，模具型芯和塑件嵌件应有足够的强度，以防变形、位移与损坏，尤其对细长型芯与型腔间空隙较小时更应注意 ④ 比体积、压缩比都比一般塑料大，故模具设计时应取较大的加料室，一般物料体积取塑件体积的 2～3 倍 ⑤ 适宜于成型通孔，避免成型 ϕ5mm 以下的不通孔。大型塑件尽量不设计小孔。孔间距、孔边距宜取大，大密度排列的孔不宜压缩成型。成型不通孔时，其底部应成半球面或圆锥面，以利物料流动。孔径与孔深之比，一般取 1:2～1:3 ⑥ 加压方向宜选塑件投影面大的方向，不宜选尺寸精度高的部位和嵌件、型芯的轴线垂直方向 ⑦ 模具应抛光、淬硬，选用耐磨钢材。脱模斜度宜取 1°以上。预杆应有足够的强度，顶出力分布均匀，顶杆不宜兼作型芯 ⑧ 快速成型料可在成型温度下脱模，慢速成型料的模具应有加热及强迫冷却措施

注：质量体积的定义为体积除以质量，单位为 m^3/kg。在工程中俗称比容，根据中华人民共和国国家标准（GB100～3102～1993）量和单位，称为质量体积或比体积。

四、塑料的成型收缩

1. 热固性塑料

塑料从模具中取出冷却到室温后，会发生尺寸收缩，这种性能称为收缩性。衡量收缩性大小的参数用收缩率表示。由于树脂本身不仅产生热胀冷缩，而且收缩还与各种成型因素有关，所以成型后塑件的收缩率，称为成型收缩率。影响收缩率的基本因素有以下几个方面。

（1）塑料种类　每类塑料的收缩率各不相同，即使同类塑料，其树脂的分子量和填料品种及含量等的不同，收缩率也不同。树脂含量高，分子量高，填料为有机物，收缩大。

（2）塑料制品结构　制品形状、尺寸、壁厚、有无镶嵌件，嵌件数量与分布对收缩率有较大的影响。制品结构越复杂，壁薄、嵌件多且均匀分布的，收缩率小。

（3）模具结构　模具分型面及加工方向、浇注系统的形式及尺寸，对塑件的收缩率也有影响。

（4）化学结构的变化　热固性塑料在成型过程中，树脂分子是从线型结构过渡到体型结构的，而后者的密度比前者大，故要收缩。

（5）成型工艺　预热情况、成型温度、模具温度、成型压力、保压时间等对收缩率有影响。一般情况下，有预热，成型温度不高，成型压力较大，保压时间较长的，收缩率较小。

（6）成型方法　压注和注射成型一般收缩较大，方向性明显。

应该注意到，塑料件的收缩往往具有方向的特性，这是因为在成型时高分子按流动方向取向，所以在流动方向和垂直于流动方向上性能有差异，收缩也就不一样，沿流动方向收缩大，强度高；垂直流动方向收缩小，强度低。同时，由于塑料件各部位添加剂分布不均匀，密度不均匀，所以收缩也不均匀，这些收缩的不均匀性必然造成塑料件翘曲、变形甚至开裂。

此外，塑料件在成型时，由于受到成型压力和剪切力作用，同时由于各向异性及添加剂分布、密度、模温、固化程度等不均匀的影响，所以成型后的塑料件内有残余应力存在。脱模后的塑料件由于残余应力趋于平衡，导致塑料件尺寸发生变化，这种由于残余应力变化而引起塑料件的再收缩称为后收缩。有时根据塑料件的性能和工艺要求，塑料件在成型后需要进行热处理，热处理后也会引起尺寸变化。由成型后热处理引起的收缩称为后处理收缩。

2. 热塑性塑料

热塑性塑料成型收缩的形式与热固性塑料类似。影响热塑性塑料成型收缩的主要因素有以下几个方面。

（1）塑料品种　热塑性塑料在成型过程中由于存在结晶化引起的体积变化，内应力强，塑件内的残余应力大，分子取向性强等因素，因此与热固性塑料相比收缩率较大，方向性明显。此外，脱模后收缩和后处理收缩也比热固性塑料大。

（2）塑件特性　塑件成型时，熔料与模具型腔表面接触层的冷却比较快，形成较低密度的固态层。由于塑料的导热性差，其内层缓慢冷却而形成收缩大的高密度固态层，因此塑件壁越厚则收缩越大。

（3）浇口形式和尺寸　这些因素直接影响料流方向、密度分布、保压补塑及成型时间。

（4）成型条件　模具温度、注射压力、保压时间等对塑件的收缩均有直接影响。

在模具设计时，应根据各种塑料的收缩范围、塑件的壁厚、形状、进料口形式及尺寸，按经验确定塑件各部位的收缩率，再计算模具型腔尺寸。对高精度的塑件，在模具设计时应留有修模余地，通过试模后逐步修正模具，以达到塑件尺寸、精度要求。

第二节　塑料模的分类

塑料的成型加工方法很多，常用的有注射成型、压缩成型、压注成型、挤出成型、吹塑成型、真空及压缩空气成型等。按照塑料成型加工方法的不同，可将塑料模分成以下几类：

1. 注射模

塑料注射成型所用的模具称为注射模。注射成型是将塑料先加在注射机的加热料筒内，料筒内的塑料受热熔融，在注射机的螺杆或活塞推动下，经注射机的喷嘴和模具的浇注系统进入模具型腔，塑料在模具型腔内硬化定型。注射成型是热塑性塑料制品生产的一种重要方法。除少数热塑性塑料外，几乎所有的热塑性塑料都可以用注射成型方法生产塑料制品。注射模塑不仅用于热塑性塑料的成型，而且已经成功地应用于热固性塑料的成型。注射成型在塑料制件成型中占有很大比重，世界上塑料成型模具中约半数以上是注射模。

2. 压缩模

塑料压缩成型所用的模具称为压缩模。压缩成型是将塑料原料（粉状、粒状、碎屑状或纤维状）直接加入模具的加料腔内，再将模具闭合，塑料在热和压力的作用下成为流动状态并充满型腔，然后由于化学或物理变化使塑料硬化定型。这种成型方法多用于热固性塑料制品的成型，也可用于热塑性塑料的成型。

3. 压注模

塑料压注成型所用的模具称为压注模，又称传递模。压注成型是先将塑料原料（最好是经预压成锭料和预热的塑料）加入模具的加料腔中，使其受热成为粘流状态，在柱塞压力的作用下，粘流态的塑料经过浇注系统，进入并充满闭合的型腔，塑料在型腔内继续受热受压，经过一定时间的固化后，打开模具取出塑料制品。压注模多用于热固性塑料的成型。

4. 挤出模

用于塑料挤出成型的模具叫挤出模。挤出成型是使处于粘流状态的塑料在高温、高压下通过具有特定断面形状的模口，然后在较低温度下定型，以生产具有所需截面形状的连续型材的成型方法。挤出成型主要用于生产连续的型材，如管、棒、丝、板、薄膜、电线电缆的涂覆合涂层制品等。这种成型方法在热塑性塑料成型中，是一种用途广泛、所占比例很大的加工方法。少数热固性塑料（例如酚醛、脲甲醛等）也可用于挤出成型。

5. 中空吹塑模

塑料的中空吹塑成型所用的模具称为中空吹塑模。中空吹塑成型是将处于塑性状态的型坯置于模具型腔内，借助压缩空气将其吹胀，使之紧贴于型腔壁上，经冷却定型得到中空塑料制品的成型方法。这种成型方法可以获得各种形状与大小的中空薄壁塑料制品，在工业中尤其是在日用工业中应用十分广泛。

6. 真空成型模

塑料真空成型所用的模具称为真空成型模。真空成型的过程是把热塑性塑料板（片）固定在模具上，用辐射加热器进行加热，当加热到软化温度时，用真空泵把板（片）材与模具之间的空气抽掉，借助大气压力，使板材贴模而成型，冷却后借助压缩空气使制品从模具内脱出。真空成型只需要单个凸模或凹模，模具结构简单，制造成本低，制品形状清晰，但壁厚不够均匀，尤其是模具上凸凹部位。这种成型方法广泛用于家用电器、药品和食品等行业，生产各种薄壁塑料制品。

7. 压缩空气成型模

压缩空气成型所用的模具称为压缩空气成型模。压缩空气成型是借助压缩空气的压力，将加热软化后的塑料板压入型腔而贴模成型的方法。这种成型方法制品精度较高，但设备及控制系统较复杂，投资较大。

思考与练习题

5-1　何为简单组分塑料？何为多组分塑料？

5-2　天然树脂有哪些主要来源？日常生活中常用的人工树脂有哪些？

5-3　塑料中添加剂的作用有哪些？并说出几种常用的添加剂。

5-4　稳定剂的作用是什么？

5-5　塑料有哪些优良的特性？塑料与金属材料相比又有哪些不足？

5-6　按照塑料的使用性能及用途可以将塑料分为哪些类？并分别说出常用的几种塑料。

5-7　何为热塑性塑料？何为热固性塑料？并分别说明其特点。

5-8　何为收缩率？影响收缩率的基本因素有哪几个方面？

5-9　影响热塑性塑料成型收缩的主要因素有哪几个方面？

5-10　按照塑料成型加工方法的不同，可将塑料模分成哪几类？

第六章　塑料注射模具

学习目的：掌握注射成型基本原理；了解常用注射机的基本参数和性能；掌握合理选用注射机的方法；掌握注射模的四种典型模具的结构特点；掌握注射模常用零件的典型结构。

学习重点：注射模四种典型模具的结构特点和常用零件的典型结构。

第一节　注射成型工艺

注射成型是塑料成型方法中，应用最为广泛的方法。除少数热塑性塑料外，几乎所有的热塑性塑料都可以用注射成型方法生产塑料制品。而且随着注射成型技术的发展，一些热固性塑料也可以用于注射成型。

一、注射成型原理

注射成型是依靠注射机和安装在注射机上的注射模具将塑料原料加工成具有一定精度、形状、物理和力学性能的塑料产品的过程。

注射成型是通过注射机来实现的。目前，注射机的类型很多，并且为了适应塑料制品的不断更新，注射机的结构不断得到改进和发展。但无论哪一种注射机，其基本作用均有两个，一是对塑料进行加热，并使其达到粘流状态；二是对粘流的塑料施加压力，使其快速射入模具型腔。本节主要以应用广泛的螺杆式注射机为主，介绍注射成型的原理，如图6-1所示。

注射机的工作原理是首先将模具的动模和定模闭合，然后将固体塑料放入注射机的料斗内，螺杆转动，在重力作用下塑料原料进入注射机料筒，固体塑料在螺杆逐渐变浅的螺槽中随转动的螺杆往料筒前端的方向输送，同时吸收加热料筒传递的热量并受螺杆剪切、摩擦、机械搅拌的作用，塑料受压、受热熔融塑化，在这一过程中螺杆边旋转边后退，当料筒前端塑化好的塑料熔体积聚到规定的注射量时，螺杆停止转动与后退，在注射液压缸活塞的推动下以一定的压力和速度将积聚在料筒前端的塑料熔体通过注射机喷嘴和模具浇注系统以高速注入闭合的模具型腔，当塑料熔体充满整个型腔后，螺杆不后退以保持型腔具有一定的压力防止塑料熔体倒流，并同时向型腔补充因塑料熔体冷却收缩而减少的塑料量。经过一段时间的保温、保压，塑料在型腔内冷却、硬化定型，开启模具即可得到一注射成型的塑料制品。

注射机主要由注射装置、锁模装置、液压及电气控制系统、机架等组成，如图6-1所示。

注射装置：主要作用是将塑料均匀地塑化，并提供足够的压力和速度将一定量的熔融塑料注射到模具型腔中。注射装置由塑化部件（螺杆、料筒和喷嘴组成）、料斗、计量装置、传动装置、注射和移动液压缸等组成。

锁模装置：其作用是实现模具的开启和闭合，注射机注射时，保证模具可靠地闭合，注射成型完成后，使模具能顺利地开模并脱出塑料制件。锁模装置由前、后固定模板，移动模

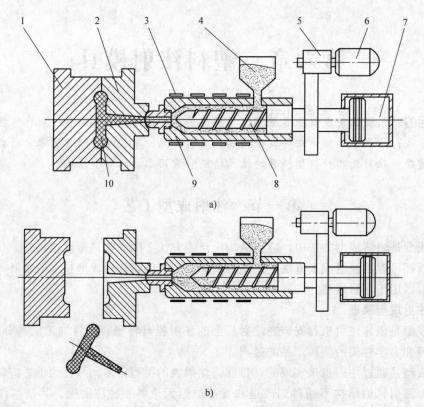

图 6-1 螺杆式注射机注射成型原理图

1—动模　2—定模　3—电加热器　4—加料斗　5—螺杆传动装置　6—电动机
7—螺杆加压液压缸　8—螺杆　9—注射机料筒　10—塑料制品

板，连接前、后固定模板用的拉杆，合模液压缸，移模液压缸，连杆机构，调模装置和塑料制件推出装置组成。

液压系统和电气控制系统：主要作用是保证注射机按工艺规程预定的要求，如压力、速度、温度、时间和动作程序准确无误、有效地工作。注射机的液压系统由各种液压元件、液压回路及其他附属设备组成。电气控制系统主要由各种电器和仪表组成。液压系统和电气控制系统有机地组合在一起，能够为注射机提供动力并实现控制。

注射机注射塑料制件时，注射模被安装在注射机的移动模板和固定模板上，锁模系统合模并锁紧模具，由注射机的料筒和螺杆加热、塑化塑料，注射装置将熔融塑料注入模具，保温、保压一段时间，等塑料制件在模腔内冷却定型后，锁模机构开模，脱模机构将塑料制件推出模外。

二、注射成型工艺过程

1. 注射成型前的准备

为了使注射成型顺利进行，保证塑料制品质量，在注射成型之前应进行如下准备工作：

（1）原料的检验和预处理　成型前原料的检验主要包括塑料的色泽、粒度及均匀性、流动性、热稳定性、收缩性、水分含量等。有的制品要求不同颜色或透明度，在成型前应先在原料中加入所需的着色剂。

塑料注射成型前的预处理，主要是指对塑料进行干燥处理。对吸水性强的塑料（如聚乙烯、聚丙烯、聚甲醛等）在成型前必须进行干燥处理，否则塑料制品表面将出现斑纹、银丝和气泡等缺陷，甚至导致高分子成型时产生降解，严重影响制品的质量。

（2）镶嵌件的预热　为了满足装配和使用强度的要求，塑料制品内常要嵌入金属嵌件。由于金属和塑料收缩率差别较大，因而在制品冷却时，嵌件周围产生较大的内应力，导致嵌件周围强度下降和出现裂纹。因此，除了在设计塑料制品时加大嵌件周围的壁厚外，成型前对金属嵌件进行预热也是一项有效措施。

（3）料筒的清洗　在注射成型之前，如果注射机料筒中原来残存的塑料与将要使用的塑料不同或颜色不一致时，一般都要对注射机进行清洗。

（4）脱模剂的使用　注射成型时，塑料制品的脱模主要依赖于合理的工艺参数和正确的模具设计，但由于制品本身的复杂性或工艺条件控制不稳定，可能造成脱模困难，所以在实际生产中通常使用脱模剂（常用的有硬脂酸锌、液体石蜡和蓖麻油）进行辅助脱模。

2. 注射过程

完整的注射过程包括加料、塑化、注射、保压、冷却和脱模等步骤（见图6-2）。但就塑料在注射成型中的实质变化来说，是塑料的塑化和熔体充满型腔与冷却定型两大过程。

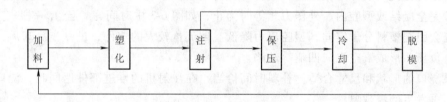

图6-2　注射过程示意图

（1）塑料的塑化　塑料的塑化是指塑料在注射机加热装置的作用下，从固态转变成熔融状态，具有一定的流动性。塑化进行得如果直接关系到塑料制品的产量和质量。对塑化的要求是：在规定的时间内塑化出足够数量的熔融塑料；塑料熔体在进入塑料模型腔之前应达到规定得成型温度，而且熔体各点应均匀一致，避免局部温度过低或温度过高。

塑料的塑化是一个比较复杂的物理过程，它牵涉到固体塑料输送、熔化、熔体输送；牵涉到注射机类型、料筒和螺杆结构；牵涉到工艺条件的控制等许多理论问题和实际问题。在实际生产中必须重视这一过程的分析与控制，以保证制品质量和生产过程的稳定。

（2）熔体充满型腔与冷却定型　从图6-2中可以看出，熔体充满型腔与冷却定型这一过程主要包括将塑化好的塑料注入并充满模具型腔，熔体在压力下的冷却凝固定型，直至塑料制品脱模。由此可见该过程对成型优质制件的重要性。

在理论研究时，这个过程又可细分为冲模、压实、倒流和浇口凝结后的冷却四个阶段。在这四个阶段中，温度总的来说是降低的。压力的变化如图6-3所示。

1）冲模阶段　熔融塑料以一定的速度经浇注系统进入型腔，如果型腔的排气良好，在此阶段的型腔内压力很低，如图6-3中时间为 O 至 t_1 一段。

在冲模阶段，要求熔融塑料的粘度低，浇注系统的阻力小，冲模速度快。这样，料温降低少，可避免塑件形成冷接缝；粘度低，冲模快，分子定向少，可使塑件的各项性能均匀；

冲模顺利可避免细薄的和有精细花纹塑件的型腔充不满的缺陷。

2）补模阶段 冲模阶段结束后，型腔内的塑料由于冷却收缩，而使型腔有一定的空隙。同时在注射机较高工作压力的作用下，又对型腔进行补料，使型腔内压力升高到最大，一直到浇口塑料凝结为止，如图6-3中时间为 t_1 至 t_2 一段。

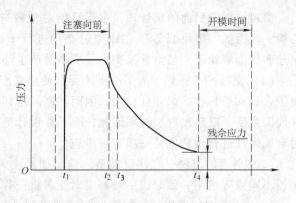

图6-3 型腔压力变化图

经过补模阶段，可避免塑件因收缩而形成凹陷、缩孔或收缩率过大等缺陷。补料时间不能太长，因为随着时间的推移，凝结层越来越厚，熔融塑料温度降低，粘度增高，易造成塑件的内应力大而引起开裂或翘曲变形。补料时间过短，又会使熔融塑料的倒流量增大而引起塑件产生凹陷或真空泡。

3）倒流阶段 补模阶段结束后，注射机的推进部件停止施压而退回到原始位置，这时型腔内的压力比浇口前方的压力高，当浇口没有完全凝结时，型腔内的塑料熔体将倒流，一直到浇口完全凝结或型腔内、外压力相等时为止，如图6-3中时间为 t_2 至 t_3 一段。

倒流会引起塑料分子定向，型腔压力降低。倒流量较大的塑件，进一步冷却后，会因收缩而产生负压，形成真空泡或凹痕等缺陷。

如果浇口的形状和尺寸合适，补料时间恰当，在注射机的推进部件返回时，浇口已完全凝结就不再发生倒流现象。

4）浇口封闭后的冷却阶段 这一阶段为从浇口处的塑料完全凝固到塑料制品脱模取出为止，如图6-3中时间为 t_3 至 t_4 一段。在这一阶段中，补模或倒流均不再继续进行，型腔内的塑料继续冷却、硬化、定型。当脱模时，塑料制品具有足够的刚度，不致产生翘曲或变形。在冷却阶段中，随着温度的迅速下降，型腔内的塑料体积收缩，压力下降，到开模时，型腔内的压力不一定等于外界大气压力。型腔内压力与外界压力之差称为残余压力。当残余压力为正值时，脱模比较困难；为负值时塑料制品脱模方便，质量较好。

必须注意，塑料自注入型腔，冷却凝固，直至塑料制品脱模为止，如果冷却速度过快或模具温度不均匀，则制品会由于冷却不均匀而导致各部位收缩不均匀，结果使制品内部产生内应力。因而冷却速度必须适当。

3. 塑料制品的后处理

由于塑化不均匀或由于塑料在型腔中的结晶、定向和冷却不均匀，造成制品各部分收缩不一致，或因为金属嵌件的影响和制品的二次加工不当等原因，塑料制品内部不可避免地存在一些内应力。而内应力的存在往往导致制品在使用过程中产生变形或开裂，因此，应该设法消除之。

根据塑料的特性和使用要求，塑料制品可进行退火处理和调湿处理。

退火处理的方法是把制品放在一定温度的烘箱中或液体介质中一段时间，然后缓慢冷却。退火处理的结果，消除了塑料制品的内应力，稳定了尺寸。对于结晶型塑料还能提高结晶度，稳定结晶结构，从而提高其弹性模量和硬度，但却降低了断裂伸长率。

调湿处理主要是用于聚酰胺类塑料的制品。因为聚酰胺类塑料制品脱模时，在高温下接触空气容易氧化变色。另外，这类塑料制品在空气中使用或存放又容易吸水而膨胀，需要经过很长时间尺寸才能稳定下来，所以，将刚脱模的这类塑料制品放在热水中处理，不仅隔绝空气，防止氧化，消除内应力，而且还可以加速达到吸湿平衡，稳定其尺寸，故称为调湿处理。经过调湿处理，还可改善塑料制品的韧度，使冲击韧性和抗拉强度有所提高。

当然，并非塑料制品一定要经过后处理，像聚甲醛和氯化聚醚塑料的制品，虽然存在内应力，但由于高分子本身柔性较大和玻璃化温度较低，内应力能够自行缓慢消除。如果制品要求不严格时，可以不必后处理。

第二节　注射模的基本结构

注射模的分类方法很多，其中最常用的是按注射模总体结构进行分类，可分为单分型面注射模、双分型面注射模、带有活动镶块的注射模和侧向分型抽芯的注射模。

无论哪一种类型的注射模都包含定模和动模两个部分。定模安装在注射机的固定板上，在整个注射过程和推件过程中是不能够移动的；而动模安装在注射机的移动模板上，可随移动模板的移动实现模具的开合。模具闭合后，注射机即向模具注射熔融塑料，待制品冷却定型后，动模分离，由推出机构将制件推出，即完成一个生产周期。

一套完整的模具，少则由十几个零件构成，多则上百个，为了更方便的研究它们，我们按照各个零件的作用对其进行分类。

（1）成型零件　成型零件的作用是成型塑料制品的内外表面，直接决定了塑料制品的形状、尺寸和表面质量，是整套模具中最关键的零件，如型芯、凹模、螺纹型芯、螺纹型环、镶件等。

（2）浇注系统　浇注系统的作用是将熔融塑料由注射机喷嘴引入模具型腔的通道。通常，浇注系统由主流道、分流道、浇口和冷料穴4个部分组成。

（3）导向零件　导向零件的作用是保证各运动零件之间相互位置的准确度，引导动模和推件机构运动，如导柱、导套等。

（4）推出机构　推出机构是指在开模过程中将塑料制品及浇注系统推出或拉出的装置，如推杆、推管、推杆固定板、推件板等。

（5）分型与抽芯机构　当塑料制品上有侧孔或侧凹时，开模推出塑料制品以前，必须先进行侧向分型，将侧型芯从塑料制品中抽出，塑料制品才能顺利脱模，如斜导柱、滑块、斜滑块、楔紧块等。

（6）加热和冷却装置　加热和冷却装置的作用是调节模具的温度。模具需要加热时在模具内部或周围安装加热元件，需要冷却时在模具内部开设冷却通道。其中冷却装置较为常用，而加入装置只在特殊场合应用。

（7）支承与紧固零件　支承与紧固零件在模具中主要起装配、固定、定位和连接作用，如定模座板、动模板（或称型芯固定板、凹模固定板）、垫块、支承板、定位圈、销钉和螺钉等。

（8）排气系统　排气系统的作用是在注射过程中，将型腔内的空气及塑料制品在受热和冷凝过程中产生的气体排出去。排气系统通常是在分型面处开设排气槽，有的也可利用活动零件的配合间隙排气。

一、单分型面注射模

单分型面注射模又称为两板式注射模，是指在注射成型过程中，当注射机开模时，注射模具上仅有一个面可以被分开，如图6-4所示。它是结构最简单、应用最为广泛的一种注射模。

单分型面注射模的工作原理是：在合模状态下，通过注射机喷嘴将熔融的塑料经过模具的浇注系统注射到模具中，冷却、定型，如图6-4a所示；当塑料制件具有一定的强度和刚度之后，模具的动模部分将随着注塑机的动模板一起运动，实现开模，此时塑料制品和流道凝料随动模一起运动；当模具完全打开后（或打开距离足够推件时），注塑机顶杆推动模具推出机构实现推出卸料，如图6-4b所示。

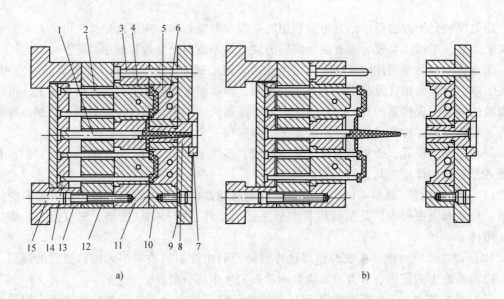

图6-4　单分型面注射模

1—拉料杆　2—推杆　3—带头导柱　4—型芯　5—凹模　6—冷却通道　7—定位圈
8—主流道衬套　9—定模座板　10—定模板　11—动模板　12—支承板　13—支架
14—推杆固定板　15—推板

在图6-4中，凹模5、型芯4和动模板11构成模具的型腔，决定了塑件的形状及尺寸公差；主流道衬套8和拉料杆1等构成模具的浇注系统；带头导柱3和带导向孔的定模板10构成模具导向与定位机构，确保动模和定模闭合时能准确定位和导向；推杆2、推杆固定板14和推板15构成推出机构，主要作用是在开模过程的后期，将塑件从模具中推出；定模座板9、定模板10、动模板11、支承板12和支架13是模具的支承零件，起装配、定位和安装作用；凹模5和型芯4上开设冷却通道6，起调节模具温度的作用。

二、双分型面注射模

多分型面注射模是指具有两个以上分型面的注射模具，适用于制品的外表面、内侧壁不允许有浇口痕迹的场合。这种浇口采用点浇口，且制品由定距分型机构实现顺序分型，然后由推出机构推出。图6-5所示为卧式双分型面注射模，它与单分型面注射模相比，在动模和定模之间增加了一个可移动的中间板 11（又称浇道板），其浇注系统凝料和制品一般是由不同分型面上取出。开模时由于弹簧 7 的作用，使中间板 11 与定模座板 10 首先沿 A—A 分型面定距分型，其分型距离由定距拉板 8 控制，以便取出这两块模板之间的流道凝料。继续开模时，由于限位钉 6 的作用，通过定距拉板 8 使中间板 11 停止移动，从而使模具沿 B—B 分型面分型，然后在注射机的固定顶出杆的作用下，推动推板 15，通过推杆 13 推动推件板 4，使制品脱离型芯。

这种注射模结构较复杂，质量大，成本高，主要用于点浇口的单型腔或多型腔注射模，较少用于大型制品或流动性差的塑料成型。

三、斜导柱侧向抽芯注射模

当制品带有侧孔或侧凹时，在机动分型抽芯的模具里设有斜导柱或斜滑块等侧向分型抽芯机构。图 6-6 所示为斜导柱侧向分型抽芯的注射模，在开模时，利用开模力通过斜导柱 2 带动侧型芯滑块 3 作横向

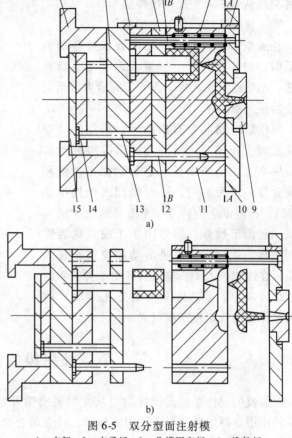

图 6-5　双分型面注射模
1—支架　2—支承板　3—凸模固定板　4—推件板
5—导柱　6—限位钉　7—弹簧　8—定距拉板
9—主浇道衬套　10—定模座板　11—中间板（浇道板）
12—导柱　13—推杆　14—推杆固定板　15—推板

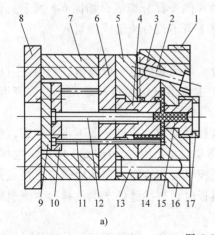
a)

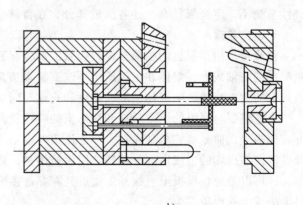
b)

图 6-6　斜导柱侧向抽芯注射模
1—楔紧块　2—斜导柱　3—斜滑块　4—型芯　5—固定板　6—支承板　7—支架（垫块）　8—动模座板　9—推板
10—推杆固定板　11—推杆　12—拉料杆　13—导柱　14—动模板　15—主浇道衬套　16—定模板　17—定位环

移动，使其与制品先分离，然后再由推出机构将制品从型芯 4 上推出模外。

四、带有活动镶件的注射模

在成型带有内侧凸、凹槽或螺纹等塑料制品时，需要在模具上设置活动型芯、螺纹型芯、型环或哈夫块等。图 6-7 所示为带活动镶块的注射模。

图中塑料制品带有内凸台，采用活动镶块 9 成型。开模时，制品与流道凝料同时留在镶块 9 上，随同动模一起运动。当动模和定模分型一定距离后，注射机顶出机构推动推板 1，从而推动推杆 3，使活动镶块 9 随同制品一起推出模外，然后用手工或其他装置使制品与镶块分离。再将活动镶块重新装入动模，在镶块装入动模前推杆 3 由于弹簧 4 的作用已经复位。型芯座 8 上的锥孔（面）的作用是保证镶块定位准确可靠。

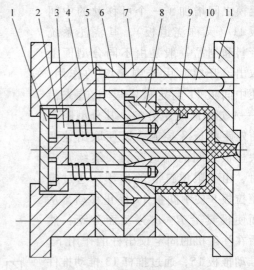

图 6-7　带活动镶件的注射模
1—推板　2—推杆固定板　3—推杆　4—弹簧
5—支架　6—支承板　7—动模板　8—型芯座
9—活动镶块　10—导柱　11—定模座板

第三节　注射模的浇注系统

注射模的浇注系统是指注射时从注射机喷嘴开始到模具型腔为止的塑料熔体的流动通道。其作用是将熔融塑料平稳引入型腔，并在填充及固化定型过程中将压力传递到型腔各部位，以获得组织致密外形清晰、表面光洁及尺寸稳定的塑料制件。

浇注系统可分为两大类：普通浇注系统和无流道凝料浇注系统。普通浇注系统应用广泛，材料的适应性强，本节主要介绍普通浇注系统。

普通浇注系统一般由主流道、分流道、浇口和冷料穴四个部分组成，如图 6-8 所示。但浇注系统不一定全部具有上述各组成部分，在特殊情况下可不设分流道或冷料穴等。

一、主流道

主流道是指注射机的喷嘴与模具接触的部位起到分流道为止的这一段流道。它与注射机喷嘴在同一轴线上，熔体在主流道中不改变流动方向。主流道是熔融塑料最先经过的流道，所以它的大小直接影响熔体的流动速度和充模时间。

主流道要与高温的熔融塑料和注射机的喷嘴反复接触和碰撞，所以一般不将主流道直接开在模板上，而是将它单独设在一个主流道衬套（又称浇口套）中，如图 6-9 所示。这样，既可以使易损坏的主流道部分单独选用优质钢材，延长模具使用寿命和损坏后便于更换或修磨，也可以避免在模板上直接开主流道且需穿过多个模板时，拼接缝处产生钻料，主流道凝料无法拔出的现象发生。

主流道一般位于模具中心线上，它与注射机喷嘴的轴线重合，以利于浇注系统的对称布置。主流道一般设计得比较粗大，以利于熔体顺利地向分流道流动，但不能太大，否则会造成塑料消耗增多。反之主流道也不宜过小，否则熔体流动阻力增大，压力损失大，对充模不

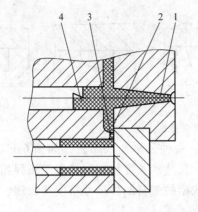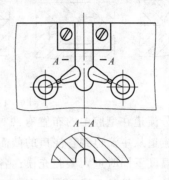

图 6-8　普通浇注系统的组成

1—主流道　2—分流道　3—浇口　4—冷料穴

利。因此，主流道尺寸必须恰当。通常对于粘度大的塑料或尺寸较大的制品，主流道截面尺寸应设计得大一些；对于粘度小的塑料或尺寸较小的制品，主流道截面尺寸设计得小一些。

二、分流道

分流道是介于主流道和浇口之间的一段流道，是熔体由主流道流入型腔的过渡通道，是浇注系统的核心，设计难度最大。分流道通常开设在模具分型面上，由定模和动模两侧的流道组合而成。分流道有时也可单独开设在定模或动模一侧。

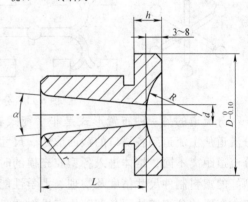

图 6-9　主流道衬套

由熔融塑料的流动性可知，流道内的压力降与流道的长度成正比，与流道半径的四次方成反比，与流体的粘度成正比。所以设计分流道的原则是：长度尽可能短，截面积尽可能大，使流体温度降尽可能小，阻力尽可能低。

1. 分流道的截面形状

分流道的截面形状对塑料熔体的充模性能和塑料制件生产的经济性有很大的影响。常见的分流道截面形状如图 6-10 所示。根据流体力学和传热学原理可知，在同等的过流横截面面积的条件下，横截面为正方形的流动阻力最大，传热最快，热量损失最大，因此对热塑性塑料注射模而言，不宜采用正方形的分流道。而圆形横截面形状宜采用圆形（见图 6-10a），但从加工来说，它需要同时在动模和定模上开设半圆截面，要使两者完全吻合，制造较困难。梯形截面、U 形截面分流道（见图 6-10b、c），加工容易，且热量散失和流动阻力也不大，所以较常用。半圆形和矩形截面的分流道比表面较大（见图 6-10d、e），较少采用。

2. 分流道的布置

分流道的布置是指在多腔模中连接主流道和浇口的分流道的连接方式，这种连接方式取决于型腔在模具中的位置。设计时，型腔在模具中的位置要尽量均匀排列，使各型腔的注射压力与注射机的锁模力作用在同一个中心线上，以保持注射时模具中力的平衡，防止模具单边受力使塑料制件一侧出现飞边。

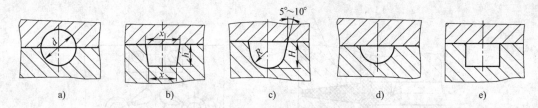

图 6-10　分流道横截面形状

分流道分流道在型腔中的布置有两种形式。一种是平衡式布置，如图 6-11 所示。平衡式布置的分流道从主流道到各浇口的截面形状、尺寸和长度均相同。由于流程相同，塑料熔体可在同一温度下同时进入型腔充模；各型腔成型的塑料制件尺寸精度及物理、力学性能基本相同；但分流道较长，流道凝料多。

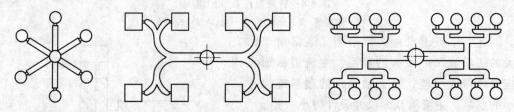

图 6-11　分流道的平衡式布置

分流道的另一种布置形式是非平衡式布置，如图 6-12 所示。与平衡式布置不同的是，分流道从主流道到各浇口的截面形状、尺寸相同，但长度不相同。由于从主流道到各浇口的分流道距离不同，熔体进入各型腔充模的时间有先后顺序，冷却收缩不一致，所以各型腔成型好的塑料制件尺寸精度及物理、力学性能有差异，但流道的长度短、凝料少。为了使非平衡式布置的分流道达到各型腔均衡进料的目的，可将各浇口设计成不同的尺寸并通过多次修模来调整各浇口均匀地进料，但这种方法相当复杂和繁琐，型腔数越多，可能性越小（现可用计算机流道分析软件来完成）。对高精度塑料制件、多型腔布置的模具应尽量采用平衡式布置的分流道。

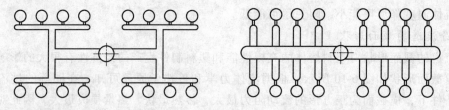

图 6-12　分流道的非平衡式布置

三、浇口

浇口是分流道与型腔之间最狭窄部分，也是浇注系统中最短小部分。这一狭窄短小的浇口既能使由分流道流进的熔体产生加速，形成理想的流动状态而充满型腔，又便于注射成型后塑件与浇口分离。它是浇注系统的关键部位。

浇口是连接分流道和型腔的进料通道，它是浇注系统的关键部分，浇口的形状和尺寸对塑件质量影响很大，浇口在多数情况下是流道中截面尺寸最小的部分（除主流道型的浇口外），其截面积与分流道的截面积之比约为 0.03 ~ 0.09，截面形状多为矩形或圆形，浇口台阶长 1 ~ 1.5mm 左右。一般采用小浇口。

注射模的浇口结构形式较多。按浇口宽度大小可分为窄浇口和宽浇口；按浇口特征可分为中心浇口和侧浇口；按浇口形状可分为扇形浇口、环形浇口、盘形浇口、轮辐式浇口、薄片式浇口、点浇口；按浇口的特殊形可分为潜伏浇口（又称隧道式浇口或剪切浇口）、护耳浇口（又称调整片式浇口或分接式浇口），等等。而应用较多的主要有直接浇口、侧浇口和点浇口。

（1）直接浇口 直接浇口又称主流道型浇口，如图 6-13 所示。其特点是浇口尺寸较大，流程短，流动阻力小，进料快，压力传递好，保压、补缩能力强，有利于排气和消除熔接痕。但浇口除去困难，且痕迹明显，浇口附近热量集中，冷凝速度慢，故内应力大，且易产生气泡、缩孔等缺陷。

直接浇口主要适用于成型深型腔壳形或箱形塑件（如盆、桶、电视机后壳等），厚壁、高粘度塑料及大型塑件，不宜成型平薄塑件及容易变形的塑件。

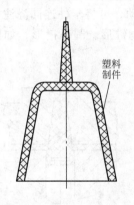

图 6-13　直接浇口

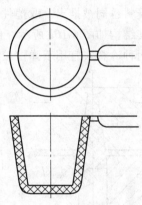

图 6-14　侧浇口

（2）侧浇口 侧浇口又称边缘浇口，如图 6-14 所示。一般开设在分型面上，可根据塑件的形状、特点灵活地选择塑件的某个边缘进料，它能方便地调整熔体充模时的剪切速率和浇口封闭时间。侧浇口截面形状为矩形，容易加工，便于试模后修正，浇口除去较方便。但侧浇口注射压力损失大，熔料流速较高，保压补缩作用小，成型壳类件时排气困难，易形成熔接痕、缺料、缩孔等。

侧浇口主要适用于一模多腔的模具结构中，可大大提高生产率，是被广泛应用的一种浇口形式。

（3）点浇口 点浇口又称针浇口、橄榄形浇口或棱形浇口，如图 6-15 所示。它是一种尺寸很小的特殊形式的直接浇口，截面一般为圆形。开模时可以自动拉断，有利于自动化操作，浇口除去后残留痕迹小。对于投影面积大或者易于变形的塑件，采用多个点浇口可提高成型质量。但注射压力损失大，收缩大，塑件易变形。浇口尺寸太小时，料流易产生喷射。

点浇口主要适用于成型粘度较低的塑料熔体和对剪切速率敏感的塑料，不适合热敏性塑料和厚壁

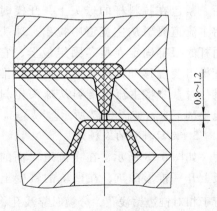

图 6-15　点浇口

或壁厚不均匀、形状复杂的塑件成型。

四、拉料杆及冷料穴

高温的塑料熔体一进入低温的模具型腔，熔体流最前端的温度会急剧下降，形成前锋冷料。为了防止冷料进入型腔冲模影响塑料制品的质量，在模具上设置冷料穴以储存熔体的前锋冷料。冷料穴的位置一般设置在主流道末端，直径稍大于主流道大端直径，便于冷料流入。当分流道较长、熔体易产生前锋冷料时，可在分流道的末端开设冷料穴。冷料穴的底部设有拉料杆，开模时拉料杆将主流道和冷料穴凝料拉出浇口套。拉料杆的结构形式可根据脱模机构的类型和所用塑料的性能来选择。常见的冷料穴拉杆结构分为以下三种。

1. 带 Z 型头拉料杆的冷料穴

在冷料穴底部有一根和冷料穴直径相同的 Z 型头杆件，称为拉料杆。拉料杆的侧凹将主流道凝料钩住，开模时将凝料从主流道中拉出。拉料杆的根部固定在推杆固定板上。塑件被推出时，凝料也同被推出。取塑件时，朝着料钩的侧向移动，可将塑件连同浇注系统凝料一道取下，其结构如图 6-16a 所示。此外冷料穴的结构还有倒锥形、圆环槽形，如图 6-16b、c所示。后两种冷料穴宜用于弹性较好的塑件。

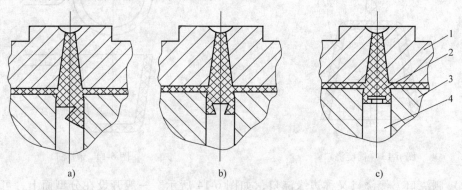

图 6-16　底部带推杆的冷料穴

1—定模座板　2—冷料穴　3—动模部分　4—拉料杆

2. 球头拉料杆的冷料穴

球头拉料杆的冷料穴专用于塑件以推件板脱模的模具中。塑料进入冷料穴后，紧包在拉料杆的球头上，开模时可将主流道凝料从主流道中拉出。球头拉料杆的根部固定在型芯固定板上，它不随推出装置移动，只有推件板动作推动推件时，才将主流道凝料从球头拉料杆上硬刮下来，如图 6-17 所示。

3. 无拉料杆的冷料穴

如图 6-18 所示，在主流道对面的模板上开一锥形凹坑，在凹坑的锥壁上平

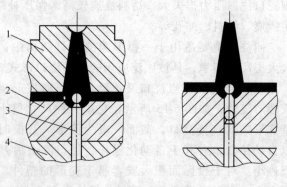

图 6-17　球头拉料杆的冷料穴

1—定模座板　2—推件板　3—球头拉料杆　4—型芯固定板

行于相对锥边钻浅孔，分模时靠浅孔将主流道凝料从主流道中拉出，推出时推杆顶在塑件或分流道上，这时冷料头先沿浅孔移动，然后被全部拔出。

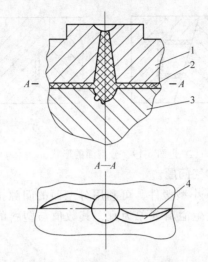

图 6-18　无拉料杆的冷料穴

1—定模座板　2—冷料穴　3—动模板　4—分流道

第四节　注射模主要零件的典型结构

一、注射模的成型零件

成型零件是指模具中直接成型塑料制件内、外表面及形状的零件，主要由凹模、型芯、成型杆、成型环、镶拼件等组成。注射成型时，成型零件与高温、高压的塑料熔体接触，它的质量直接影响塑料制件的质量，所以，要对成型零件设计提出高要求：具备足够的刚性、强度、表面硬度和耐磨性，以承受塑料熔体的挤压和摩擦力；具备一定的尺寸精度和表面粗糙度，以满足塑料制件的使用要求。

（一）分型与排气

1. 分型面及其基本形式

塑料制件在模具型腔内成型、冷却定型后，为了取出塑料制件和浇注系统凝料，必须将模具分开，而分开模具的面成为分型面。模具的分型面可以有一个，也可以有几个，视模具结构而定。

分型面的结构形式如图 6-19 所示。其中：图 a 是水平分型面，分型面平行于注射机工作台面，在注射模的结构设计中，水平分型面应用最多。图 b 是斜分型面，分型面与注射机工作台面成一定角度。图 c 是阶梯分型面，根据塑料制件的形状，分型面有一个高、低的台阶。图 d 是曲面分型面，加工较困难。

2. 排气系统

在注射过程中，模腔内除原有的空气外，还有塑料中的水分蒸发为水蒸气；塑料局部分解而放出的某些低分子挥发性气体；有些塑料凝固时体积收缩而放出气体。这些气体如不顺利排出，将会使塑件产生气泡、冲模不满、接缝及表面轮廓不清等缺陷。因此，必须设计好排气系统，以保证塑件的质量。

大多数情况下，可利用模具的分型面之间的间隙自然排气，因此排气问题往往被模具设计人员所忽视。当塑件所用物料发气量较大，或者成型具有部分薄壁的制品以及采用快速注

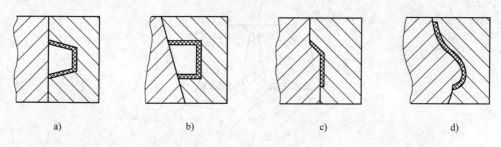

图 6-19 分型面的形状

射工艺时，必须妥善地处理排气问题。

（1）间隙排气 对于中、小型塑件，可利用分型面的间隙排气，如图 6-20 所示。利用间隙排气时，间隙大小以不发生溢料现象为宜，其数值与塑料的粘度有关，通常在 0.02 ~ 0.05mm 范围内选择。

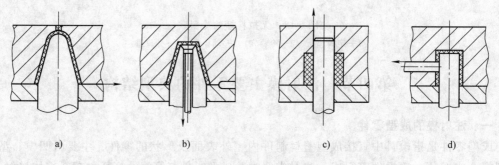

图 6-20 间隙排气形式

（2）排气槽 对于大型注射模，可以通过开设排气槽来解决排气问题。排气槽最好开设在分型面上，并与大气相同。排气槽一般开在凹模一侧，宽度可取 1.5~6mm，长度不超过 2mm，深度在不发生飞边和塑料熔体不溢进排气槽的条件下，可尽量取深一些。

排气槽开设的位置通常是经过试模后才能确定，但对大型模具要先开好排气槽。排气槽应开设在型腔最后被充满的地方，即塑料流动的末端。值得注意的是，排气槽应开设在操作者的对面一侧，最好加工成弯曲的形式，并逐步变宽，以防止在注射过程中，由于压力过大使熔融塑料从排气槽中溢出，对操作者造成一定伤害。

（二）成型零件的结构

1. 凹模的结构

凹模也称型腔，它在模具中的作用是成型塑料制品的外表面，因此要求凹模有较高的尺寸精度和表面粗糙度。由于它直接与高温高压的熔融塑料相接触，因此要有足够的强度、刚度、硬度和耐磨性。其结构形式主要有以下几种：

（1）整体式凹模 整体式凹模由整块金属材料加工而成，如

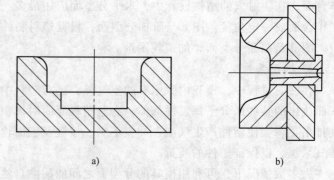

图 6-21 整体式凹模

图6-21所示。其特点是凹模结构简单，牢固可靠，不易变形，成型的塑料制品质量较好。但当塑料制品形状复杂时，其型腔的加工工艺性较差，采用一般机械加工方法难以加工甚至无法加工。因此，在先进的型腔加工机床尚未普遍应用之前，整体式型腔适用于形状简单的小型塑料制品的成型。

（2）整体嵌入式凹模　对于小型塑件采用多型腔塑料模具成型时，通常采用冷挤压、电加工、电铸或超塑性成型等方法制成单个凹模，然后整体嵌入模板中，这种凹模可称为整体嵌入式凹模，或叫整体嵌入式凹模镶块，如图6-22所示。图a是将外形带有台阶的凹模嵌入凹模固定板中，然后用螺钉、支承板将其固定；图b是为了防止因凹模旋转而造成分流道或塑料制件形状错位，用销钉定位防转（此处也可改用平键定位）；图c是将外形无台阶的凹模嵌入开通的凹模固定板，然后用支承板、螺钉紧固，这种结构加工、装配较方便；图d中的固定板不开通，刚性、强度较高，省去了支承板，但零件的加工要求高。

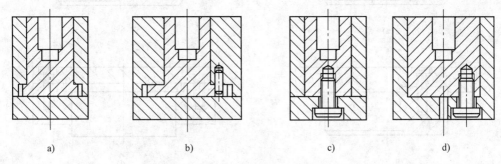

a)　　　　　　　　b)　　　　　　　　c)　　　　　　　　d)

图6-22　整体嵌入式凹模

这种凹模结构的特点是型腔形状及尺寸的一致性好，更换方便，可节约贵重金属，但模具体积较大，需用特殊加工方法。

（3）局部镶拼式凹模　当凹模局部形状复杂、不易加工，或凹模型腔某一部分容易损坏需经常更换、维修时，可将这一部分做成局部镶拼式凹模镶件单独加工，然后镶嵌入凹模主体中，如图6-23所示。图a是凹模内有局部突起，则将这部分制成镶件潜入凹模内；图b是利用局部镶拼的方法加工环形凹模；图c是采用在凹模底局部镶嵌的办法，成型底部复杂结构。

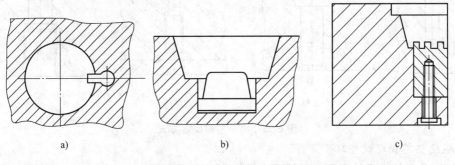

a)　　　　　　　　　　b)　　　　　　　　　　c)

图6-23　局部镶拼式凹模

2. 型芯的结构

型芯是成型塑件内表面的成型零件。根据型芯所成型零件内表面大小不同，又有型芯和成型杆之分。型芯一般是塑件中较大的主要内型的成型零件，又称主型芯；成型杆一般是指成型塑件上较小孔的零件，又称小型芯。其主要结构形式如下：

（1）主型芯的结构　型芯的结构主要有整体式和组合式两类，如图6-24所示。图a为整体结构，型芯与模板为一整体，其结构牢固，成型的塑料制品质量较好，但机械加工不便，钢材耗量较大，所以一般用于形状简单的小型模具；图b是固定板与型芯分开，型芯直接用螺钉、销钉紧固在型芯固定板上，结构简单，加工方便；图c是在型芯固定板上加工沉台阶，然后将型芯嵌入，用螺钉紧固；图d为台阶形式，是常见的联接方法，这种联接牢固可靠，但加工费时，为防止圆形型芯在固定板内转动，也可用销钉或平键止转。

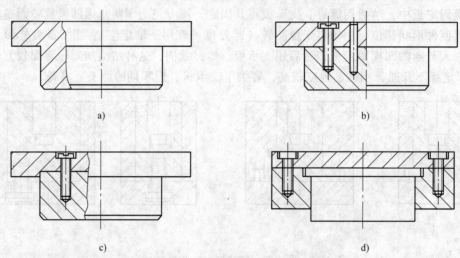

图6-24　型芯的主要结构形式

（2）小型芯结构　小型芯一般用于单独加工成型塑料制件上较小的孔或槽，然后嵌入固定板或凹模，常用的固定方式如图6-25所示。图a是利用过盈配合直接压入型芯固定板中；图b是在型芯的下部铆接，可防止被拔出；图c是最常用的轴肩和支承板的连接方法；图d是用螺钉顶紧。

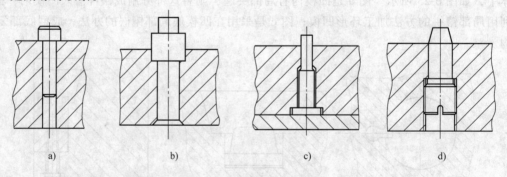

图6-25　小型芯的固定方式

3. 螺纹型芯和螺纹型环

塑料制品上的内螺纹采用螺纹型芯成型，外螺纹采用螺纹型环成型。螺纹型芯和螺纹型环还可以用来固定带螺孔和螺杆的嵌件。螺纹型环和螺纹型芯在塑料制品成型之后必须卸除。卸除的方法有两种：一种是在模具上自动卸除；另一种是在模外手动卸除。

（1）螺纹型芯　螺纹型芯按其用途可分为直接成型塑料制品上的螺孔和固定螺母嵌件

两种。两种螺纹型芯在结构上没有原则区别，但前一种螺纹型芯在设计时必须考虑塑料的收缩率，表面粗糙度值小，始端和末端应按塑料制品结构要求设计；而后一种不必考虑塑料收缩率，表面粗糙度值可以大些。

（2）螺纹型环　螺纹型环是用来成型塑料制件外螺纹的，与螺纹型芯相似，成型时将螺纹型环放入模具中与塑料制件一起成型，开模后随塑料制件被推出，在模外将型环与塑料制件分离。

二、注射模的合模导向零件

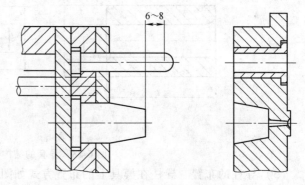

合模导向装置是保证动模与定模或上模与下模合模时正确定位和导向装置。合模导向装置主要有导柱导向和锥面定位，前者应用较多。导柱导向装置的主要零件是导柱和导套，如图 6-26 所示。有的不用导套而在模板上镗孔代替导套，该孔称为导向孔。

图 6-26　导柱导向装置

1. 导向装置的作用

（1）导向作用　动模和定模合模时，首先是导向零件接触，引导动、定模准确合模，避免凸模或型芯先进入型腔，以防止型芯先进入型腔引起摩擦、碰撞而损坏成型零件。

（2）定位作用　导向装置可以避免模具装配时错位而损坏模具，并且在模具闭合后使型腔保持正确的形状，不至于由于位置的偏移而引起零件壁厚不均。

（3）承受一定的侧向压力　注射成型时，由于模具、设备精度的原因，进入型腔冲模的塑料熔体对型腔的压力是不均匀的，在型腔内产生对模具的侧向压力，使模具动、定模有一个垂直于开模方向的相对运动趋势。模具上导向机构的导柱可承受一定的侧向压力，防止动、定模偏移。但导柱由于刚性、强度的限制，承受的侧向压力有限。

2. 导柱导向装置的典型结构

（1）导柱的典型结构　常用的导柱结构有带头导柱和带肩导柱两类，如图 6-27 所示。图 a 是带头导柱，一般用于简单模具，小批量生产，一般不需要导套，导柱直接与模板导向

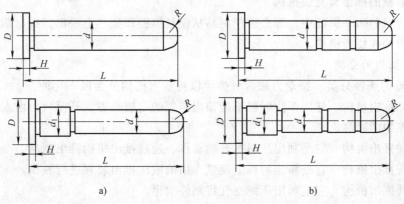

a)　　　　　　　　　　b)

图 6-27　导柱的结构形式

孔配合；图 b 是带肩导柱，一般用于大型或精度要求高、生产批量大的模具。它一般与导柱配合使用。

（2）导套的典型结构　导套的主要结构形式有直导套和带头导套两种，如图 6-28 所示。图 a 为直导套的结构形式，结构简单，加工容易，适于中、小型模具和较薄模板的应用，如推板等；图 b 为带肩导套的结构形式，一般用于大、中型模具和较厚模板，如定模板、凹模板等。

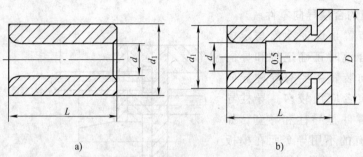

a)　　　　　　　　　　　b)

图 6-28　导套的结构形式

（3）导柱的布置　导柱在模具上的布置方式如图 6-29 所示。图 b、d 采用相同直径、不对称布置。图 a、e 采用不同直径、对称布置。图 c 采用对称布置但中心距不同，这样布置的目的是防止在安装有方位要求的模具时发生错位或反向。对于大中型模具，通常采用 3 ~ 4 根相同直径导柱不对称布置以简化加工工艺。

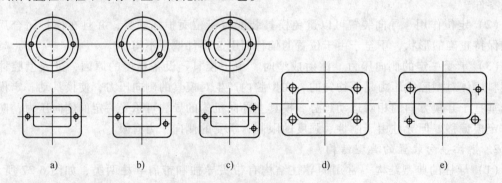

a)　　　　　　　b)　　　　　　　c)　　　　　　　d)　　　　　　　e)

图 6-29　导柱的布置形式

三、注射模的推出与复位机构

在注射成型的每一循环中，都必须使制品从模具型腔和型芯上脱出，推出塑料制品的机构称为推出机构或脱模机构。

1. 推出机构的分类

（1）按动力来源分类　按动力来源分类可以将推出机构分为以下几种：

① 手动推出机构　常用于注射机不带顶出装置的定模一方，开模后，由人工操作推出机构推出定模中的制品。

② 机动推出机构　它是利用注射机开模动作，通过推出机构推出制品。

③ 液压推出机构　它是靠注射机上设置专用的液压推出装置进行脱模。

④ 气动推出机构　它是利用压缩空气将制件吹出。

（2）按模具结构分类　按模具结构分类可以将推出机构分为：简单推出机构、双推出机构、二级推出机构、带螺纹制品的推出机构等。其中简单推出机构应用较多。

2. 简单推出机构

简单推出机构又称一次推出机构，是指开模后用一次动作就可把塑件从注射模中推出的机构，常见的有推杆推出机构、推管推出机构和推件板推出机构。

（1）推杆推出机构　推杆推出机构是注射模中应用最广的一种推出机构，具有制造简便、滑动阻力小、可在塑件的任意位置上配置、更换方便和推出效果好等优点，故生产中被广泛应用。但因推杆和塑件接触面积小，易引起应力集中，可能损坏塑件或使塑件变形。因此，不宜用于斜度小和脱模力大的管形和箱形制品的脱模。

1）推杆的形状。因制品的几何形状及型腔、型芯结构不用，所以设置在型腔、型芯上的推杆截面形状也不尽相同，常见的推杆截面形状如图 6-30 所示。设计模具时，为了便于推杆的加工，应尽可能采用圆形截面的推杆；在某些不宜采用圆形推杆或推杆起成型制品某一形状时，可采用其他几种形式。

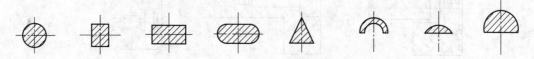

图 6-30　推杆截面形状

在保证塑料制件质量，满足塑料制件顺利推出的前提下，推杆的数量越少越好，以使模具结构简单、装配方便、塑料制件表面推出痕迹少。常见的推杆结构形式如图 6-31 所示。

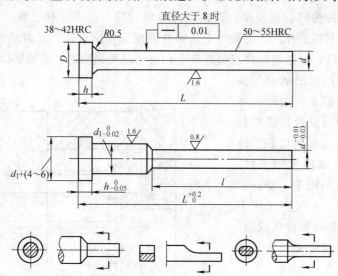

图 6-31　推杆的结构形式

起成型制品某一部分形状作用的推杆称为成型推杆，成型推杆加工、制造较困难，无特殊要求尽量不用。

2）推杆的固定形式。推杆与固定板的连接形式见图 6-32 所示。其中图 a 是一种常见的固定形式，适用于各种不同结构形式的推杆；图 b 是用垫圈来代替固定板上的沉头孔以简化加工；图 c 是用螺母拉紧推杆，用于直径较大的推杆及固定板较薄的场合；图 d 是用紧定螺钉顶紧推杆，用于直径大的推杆和固定板较厚的场合；图 e 用螺钉紧固推杆，适用于较大的各种截面形状的推杆；图 f 是铆接式，适用于推杆直径小且数量多及间距较小的场合。

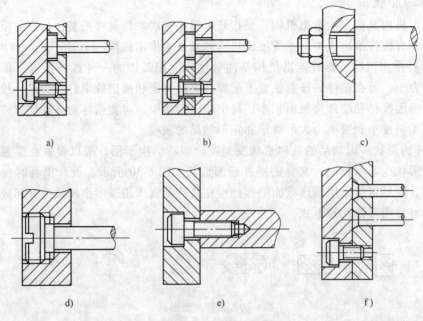

a)　　　　　　　　b)　　　　　　　　c)

d)　　　　　　　　e)　　　　　　　　f)

图 6-32　推杆的固定形式

（2）推管推出机构　推管推出机构的结构如图 6-33 所示。型芯和推管都设在动模一边，有利于保证塑料制件的同轴度要求。塑料制件脱模过程是：在开模过程中首先动模向左移动，当推板碰到注射机推杆后，推板停止运动并使推管停止运动；此时动模继续向左移动，推管开始推塑料制件；当塑料制件与型芯产生相对运动脱离型芯，完成脱模。

推管推出机构的推出运动与推杆脱模机构类似，都是一次运动将塑料制件推出模外。推管是以塑料制件整个圆环面作为推出面积，故推出力分布均匀，推出过程平稳，塑料制件不易变形、损坏，塑料制件的外表面上无推出痕迹。适用于圆环截面、筒形类塑料制件的脱模。推管脱模机构结构较复杂，加工制造较困难。

（3）推件板推出机构　推件板又称脱模板，对一些深腔薄壁的容器、罩子、壳体形以及透明制品等不允许有推杆痕迹的制品都可采用推件板推出机构。推件板的常用结构形式如图 6-34 所示。推出塑料制品的过程是：在动定模分型过程中首先动模向左移动一段距离后，注射机顶杆限制推件板运

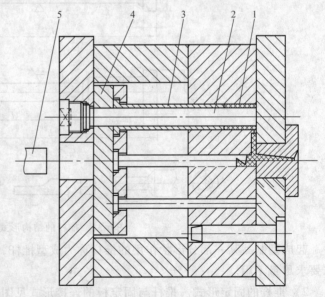

图 6-33　推管推出机构的结构简图

1—塑料制件　2—型芯　3—推管　4—推管固定板　5—注射机推杆

动；而此时动模继续左移，推件板将塑料制件推出型芯，最终完成塑料制件脱模。

推件板推出机构的特点是：在制品的整个周边进行推出，因此脱模力大而且均匀，运动平稳，无明显的推出痕迹。但推件板推出机构在使用中要处理好两个关键问题，即推件板和型芯之间的摩擦与咬合以及熔体渗入推件板与型芯间隙中的问题。

3. 复位机构

在推出机构完成塑件脱模后，为了继续注射成型，推出机构必须回到原来位置。为此，除推件板脱模外，其他脱模形式一般均需设复位零件。固定式注射模中常用的复位形式有：

（1）复位杆　又称回程杆，它的作用是使已完成推出塑件任务的推杆回复到原始位置。复位杆固定在推杆固定板上，结构与推杆相似，两者不同之处是复位杆与模具配合间隙大于推杆与模具的配合间隙，同时，复位杆顶面与动模分型面齐平。

（2）弹簧复位　利用弹簧的弹力使推出机构复位。

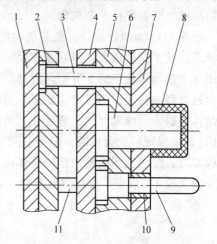

图 6-34　推件板推出机构的结构简图
1—推板　2—推杆固定板　3—推杆
4—支承板　5—型芯固定板　6—型
芯　7—推件板　8—塑料制件
9—导柱　10—导套　11—限位柱

四、注射模的侧向抽芯机构

当制品侧壁上带有与开模方向不同的内、外侧孔或侧凹等阻碍制品成型后直接脱模时，必须将成型侧孔或侧凹的零件做成活动的零件，这种零件称为侧型芯（俗成活动型芯）。在制品脱模前必须抽出侧型芯，然后再从模具中推出制品，完成侧型芯的抽出和复位的机构称为侧向分型抽芯机构。

侧向分型抽芯机构按其动力来源可分为手动、、机动、气动或液压三大类。

（1）手动侧向分型抽芯机构　手动侧向分型抽芯的方法是，在开模后，依靠人工将侧型芯或镶块连同制品一起取出，在模外使制品与型芯分离，或在开模前依靠人工直接抽拔或通过传动装置抽出侧型芯。手动抽芯机构的结构简单，制造方便，但操作麻烦，生产率低，劳动强度大且抽拔力受到人力限制。因此，只有在小批量生产时，或因制品形状的限制无法采用机动抽芯机构时才采用手动抽芯。

（2）机动抽芯机构　机动侧向抽芯的方法是，开模时依靠注射机的开模力，通过传动零件，将侧型芯抽出。机动抽芯具有较大的抽芯力和抽芯距，生产效率高，操作简便，动作可靠等优点，因而被广泛采用。

（3）气动或液压侧向分型抽芯机构　气动或液压侧向抽芯机构是依靠液压系统或气动系统抽出侧型芯的。其优点是传动平稳，可以根据抽芯力（塑料制品在冷凝时收缩时对型芯产生包紧力，抽芯力是指克服因包紧力所引起的抽拔阻力及机械滑动的摩擦力）的大小和抽芯行程来设置液压和气动系统，可以达到较大的抽芯力和较长的抽芯行程。新型注射机本身已设置了液压抽芯装置，使用时只需将其与模具中的侧向抽芯机构连接，调整后就可以实现抽芯。如果注射机不带这种装置，需要时可另行配置。

在生产中应用最广泛的就是机动抽芯机构，而机动抽芯机构按传动方式可分为：斜导柱抽芯机构、斜滑块抽芯机构、齿轮齿条抽芯机构等，其中最为常用的是斜导柱抽芯机构。下面简单介绍斜导柱抽芯机构。

图 6-35 为斜导柱分型抽芯机构的工作原理。它具有结构简单，制造方便，安全可靠的特点。其工作原理为：斜导柱 3 固定在定模座板上，侧型芯 5 用销钉 4 固定在滑块 8 上，滑块 8 可在动模板 7 的导滑槽内滑动。由于斜导柱与模具开合方向成一定角度，开模时，开模力通过斜导柱 3 作用于滑块 8 上，迫使滑块在动模导滑槽内向外移动，于是侧型芯 5 从塑件侧孔中脱出。继续开模，斜导柱与滑块脱离接触，滑块 8 则贴靠在限位挡块 9 上（起定位作用），以保证再次合模时，斜导柱可以准确地插进滑块的斜孔中，迫使侧型芯 5 准确复位。成型时，滑块受到模腔内塑料熔体压力作用，有向外移动的可能，因此，结构中还设置了一个楔紧块 1，以保证成型时型芯处于正确的位置。

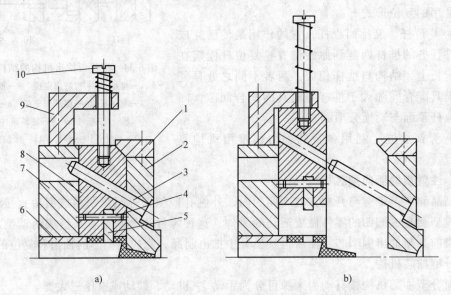

图 6-35　斜导柱分型抽芯机构的工作原理

a）模具闭合状态　b）模具打开状态

1—楔紧块　2—定模座板　3—斜导柱　4—销钉　5—侧型芯
6—推管　7—动模板　8—滑块　9—限位挡块　10—螺钉

（1）斜导柱　斜导柱是分型抽芯机构的关键零件。它的作用是：在开模时将侧型芯与滑块从制品中抽拔出来；而在合模过程中将侧型芯与滑块顺利复位到成型位置。

（2）滑块　滑块是斜导柱抽芯机构中的重要零部件，它上面安装有侧型芯或成型镶块，注射成型和抽芯的可靠性均由它的运动精度来保证。

（3）楔紧块　在注射成型过程中，侧型芯在抽芯方向受到熔体较大的推力作用，这个力通过滑块传给斜导柱，而一般斜导柱为细长杆，受力后容易变形。因此，必须设置楔紧块，以压紧滑块，使滑块不致产生位移，从而保护斜导柱和保证滑块在成型时位置精度。楔紧块的形式视滑块的受力大小、磨损情况及制品精度要求而定。

（4）抽芯时的干涉现象及先复位机构　在斜销抽芯机构中，当侧型芯的水平投影与推杆相重合或推杆推出塑料制件后的位置超出侧型芯的最低面时若仍采用复位杆复位，合模时可能会产生推杆与侧型芯相干涉的现象，如图 6-36 所示。为了避免合模时此种干涉现象的发生，在模具结构允许的情况下，应使推杆与侧型芯的水平投影不重合，或使推杆的推出位置低于侧型芯的最低面。若模具结构不允许，则可选用弹簧、楔形滑块等先复位机构，合模时使推杆先于侧型芯复位，避免推杆与侧型芯的干涉。

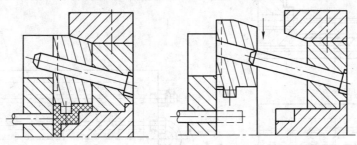

图 6-36　合模时零件的干涉现象

五、注射模的加热与冷却装置

在塑料成型时，无论是热塑性塑料还是热固性塑料，模具的温度都将直接影响到塑件的质量和生产率。由于各种塑料的性能和成型工艺要求不同，对模具温度的要求也不同。

1. 模具温度调节的重要性

（1）模具温度对塑料制品质量的影响　模具温度及其波动对制品的收缩率、变形、尺寸稳定性、机械强度、应力开裂和表面质量等均有影响。模温过低，熔体流动性差，制品轮廓不清晰，甚至充不满型腔或形成熔接痕，制品表面不光泽，缺陷多，力学性能降低。对于热塑性塑料注射成型时，在模温过低，充模速度又不高的情况下，制品内应力增大，易引起翘曲变形或应力开裂，尤其是粘度大的工程塑料。模温过高，成型收缩率大，脱模和脱模后制品变形大，并且易造成溢料和粘模。对于热固性塑料会产生"过熟"导致变色、发脆、强度低等。模具温度不均匀，型芯和型腔温度差过大，制品收缩不均匀，导致制品翘曲变形，影响制品的形状及尺寸精度。因此，为保证制品质量，模具温度必须适当、稳定、均匀。

（2）模具温度对模塑周期的影响　缩短成型周期就是提高成型效率。对于注射成型，注射时间约占成型周期的 5%，冷却时间约占 80%，推出（脱模）时间约占 15%。可见，缩短成型周期关键在于缩短冷却硬化时间，而缩短冷却时间，可通过调节塑料和模具的温差。因而在保证质量和成型工艺顺利进行的前提下，降低模具温度有利于缩短冷却时间，提高生产效率。

综上所述，模具温度对塑料成型和制品质量以及生产效率是至关重要的。塑料模是塑料成型必不可少的工艺装备，同时又是一个热交换器。输入热量的方式是加热装置的加热和塑料熔体带进的热量；输出热量的方式是自然散热和向外热传导，其中 95% 的热量是靠传热介质带走。在模塑过程中，要保证模具温度稳定，就应保持输入热和输出热平衡。为此，必须设置模具温度调节系统，对模具进行加热和冷却，以调节模具温度。

2. 模具冷却装置

模具设置冷却装置的目的：一是防止塑料制件脱模时变形；二是缩短成型周期；三是保证塑料制件质量。模具可以用水、压缩空气和冷冻水冷却，最常用的是水。

塑料模冷却装置结构形式取决于塑料制品的形状、尺寸、模具的结构、浇口位置、型芯型腔内温度分布情况等。常用的有以下几种：

（1）直流式和直流循环式　如图 6-37 所示，这种结构形式结构简单，制造方便，适用成型较浅而面积较大的塑料制品。其中图 a 为直流式，图 b 为直流循环式。

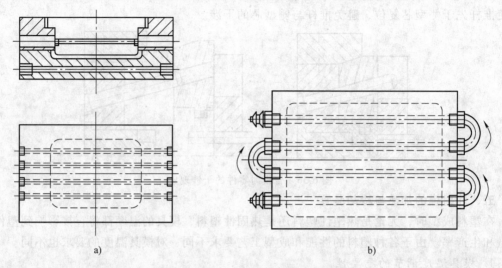

图 6-37　直流式与直流循环式冷却装置

（2）循环式　如图 6-38 所示，这种结构形式冷却效果较好，型腔和型芯均可用。

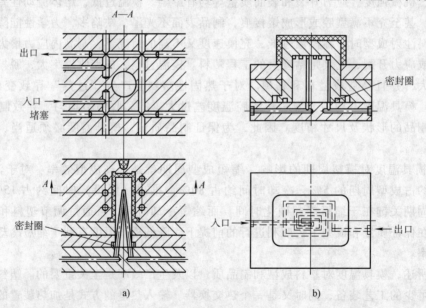

图 6-38　循环式冷却装置

（3）喷流式　如图 6-39 所示，它以水管代替型芯镶件，结构简单。这种结构可用于小型芯的冷却，也可以用于大型芯的冷却。

（4）隔板式　如图 6-40 所示，这种形式结构较简单。它可用于大而高的型芯的冷却，但冷却水流程较长。

3. 模具加热装置

模具加热的方式有电加热、油加热、蒸汽或过热水加热、煤气或天然气加热。电加热有电阻加热和工频感应加热。前者应用广泛，后者应用较少。常用的电阻加热形式如下：

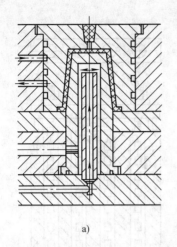

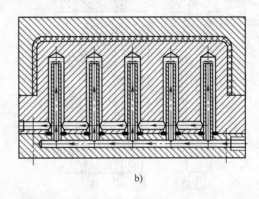

a)   b)

图 6-39　喷流式冷却装置

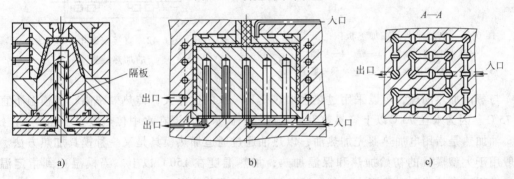

a)   b)   c)

图 6-40　隔板式冷却装置

（1）电热元件插入电热板中的加热　图 6-41 为电热元件及其安装图。它是将一定功率的电阻丝密封在不锈钢管内，作成标准的电热棒，如图 6-41a 所示。使用时根据需要的加热功率选用电热棒的型号和数量，然后安装在电热板内，如图 6-41b 所示。这种电阻加热方式的电热元件使用寿命长，更换方便。

（2）电热套或电热板加热　在使用电热套或电热板时，可根据模具上安装加热器部位的形状，选用与之相吻合的结构形式。电热套一般为矩形或圆形，矩形电热套由四个电热片用螺钉连接而成。圆形电热圈有整体式和分开式两种，前者加热效率高，后者安装较方便。模具上不便安装电热套的部位，可采用电热板。电加热板一般用扁状电阻丝绕在云母片上，然后装在特制的金属壳内而构成。电热套或电热板加热的热损失比电热棒大。

（3）直接用电阻丝作为加热元件　图 6-42 为螺旋弹簧状的电阻丝构成的各种加热板或加热套。这种加热装置结构简单，但热损失大，不够安全。

电加热装置简单、紧凑，投资小，便于安装、维修和使用，温度调节容易，易于实现自动控制。但升温较慢，不能在模具中轮换地加热和冷却。但电加热毕竟优越性较多，故在模具加热中应用最广泛。

除了电加热之外，还有其他加热方法，如蒸汽加热。这种加热方法是将高温蒸汽通过模具加热板的通道，依靠对流传热而把模具加热到要求的温度。它的优点是升温迅速，模温容易保持恒定。当需要冷却模具时，只要关闭蒸汽，改以冷却水通入通道，就能很快使模具冷却，但蒸汽加热设备复杂，投资大。

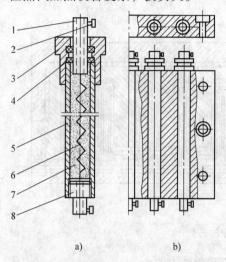

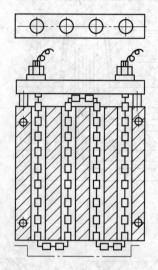

图 6-41　电热棒及其在加热板内的安装

1—接线柱　2—螺钉　3—帽　4—垫圈

5—外壳　6—电阻丝　7—石英砂　8—塞子

图 6-42　直接安装电阻丝
的加热装置

与蒸汽加热同理，可以采用过热水加热模具。水的比热大，传热效率高，但模温不宜超过 75℃。因为水在 75℃ 以上容易蒸发成水蒸气，而水蒸汽混在水中传热效果不佳。

油加热是指用电加热器先加热油，以热油通过通道加热模具是又一种模具加热方法。它一般用于大型模具的初始加热和保温加热，加热温度在 150℃ 以上。当模温达到指定温度后，进行正常的成型时改用水冷却，这就需要配备调节装置。

思考与练习题

6-1　注射机在塑料成型过程中的作用有哪些？

6-2　简述螺杆式注射机的工作原理。

6-3　为了使注射成型顺利进行，保证塑料制品质量，在注射成型之前应进行哪些准备工作？

6-4　简述注射成型的工艺过程。

6-5　塑料制品的后处理有哪些？它们有哪些作用？

6-6　简述四种典型注射模的工作原理和特点。

6-7　说明型号为 XS-ZY-125 注射机中各符号的含义。

6-8　注射模浇注系统的设计有哪些基本原则？

6-9　比较说明平衡式和非平衡式分流道布置的特点和应用。

6-10　分型面的选择应遵循哪些基本原则？

6-11　注射模中导向装置的作用有哪些？

6-12　模具温度对塑料制品质量和模塑周期有哪些影响？

第七章 其他塑料成型模具

学习目的：掌握压缩模、压铸模和挤出模具的基本结构类型及分类，了解中空成型模具的应用及发展。能够独立的对简单压缩模、压铸模和挤出模具进行工作原理分析。

学习重点：独立的对简单压缩模、压铸模和挤出模具进行工作原理分析。

第一节 压 缩 模

一、概述

压缩模主要用于热固性塑料的成型。压缩成型的方法虽已古老，但因其工艺成熟可靠，并积累有丰富的经验，适宜成型大型塑件，且塑件的收缩率较小，变形小，各向性能比较均匀。因此，目前虽然热固性塑料可用注射的方法来进行生产，但压缩成型在热固性塑料加工中依然是应用范围最为广泛且居主导地位的成型加工方法。

压缩模具又称为压制模具（简称压模），主要用于成型热固性塑料制品和少部分热塑性塑料制品。压缩模广泛用于生产家用电器、电信仪表等热固性塑料零件。热固性塑料原料由合成树脂、填料、固化剂、固化促进剂、润滑剂、色料按一定配比制成。它可做成粉状、粒状、片状、碎屑状、纤维状等各种形态。将塑料直接加入高温的敞开的压缩模型腔和加料腔，然后以一定的速度将模具闭合，塑料在热和压力的作用下熔融流动，并且很快地充满整个型腔，树脂与固化剂作用发生交联反应，生成不熔、不溶的化合物，塑料因而固化，成为具有一定形状的制品。当制品完全定型并且具有最佳的性能时，即可开启模具取出制品。

1. 压缩成型的优点

1）与注射成型相比，使用的设备和模具简单。

2）适用于流动性差的塑料，比较容易成型大型制品。

3）与热固性塑料注射和压铸成型相比，制品的收缩率较小，变形小，各向性能都比较均匀。

4）压缩成型工艺成熟可靠，已积累了丰富的经验。

2. 压缩成型的缺点

1）生产周期长，生产率低。

2）不易实现自动化，劳动强度比较大，特别是移动式压缩模。由于模具需加热，原料常有粉尘纤维飞扬，劳动条件较差。

3）制品常有较厚的溢边，并且每模溢边厚度不同，容易影响制品高度尺寸的准确性。制品需较大的脱模斜度，否则脱模困难。

4）对模具材料要求较高，模具使用寿命较短。

5）模具内细长的成型杆和制品上细薄的嵌件，在压制时易弯曲变形，故这类制品不宜采用。

6）厚壁制品和深孔、形状复杂的制品难以成型。

二、压缩模的分类和特点

压缩模的分类方法很多，可按模具在压机上的固定方式分类，亦可按压缩模的上下模配合结构特征分类，还可按形腔数目多少，按分型面特征、按制品推出方式分类。

1. 按压缩模的安装方式不同分类

（1）移动式压缩模　移动式压缩模如图 7-1 所示。这种压缩模的特点是：模具不固定在压机上，成型后移出压机，用卸模工具（如卸模架）开模，取出制品。故结构简单，制造周期短。但由于加料、开模、取件等工序均为手工操作，模具易磨损、劳动强度大，所以模具的质量不宜超过 20kg。它适用于压制批量不大的中小型塑料制品以及形状复杂、嵌件较多、加料困难、带螺纹的塑料制品。

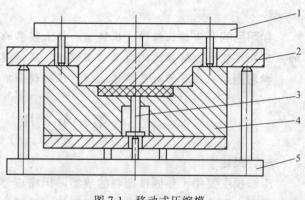

图 7-1　移动式压缩模

1—上卸模架　2—凸模　3—推杆
4—凹模　5—下卸模架

（2）半固定式压缩模　半固定式压缩模如图 7-2 所示。这种压缩模的特点是：开合模在机内进行，一般将上模固定在压机上，下模可沿导轨移动，用定位块定位。合模时靠导向机构定位，也可按需要采用下模固定的形式。成型后移出下模或上模，用手工或卸模架取件。该结构便于安放嵌件和加料，降低劳动强度。当移动式模具过重或嵌件较多时，为便于操作，可采用次类模具。

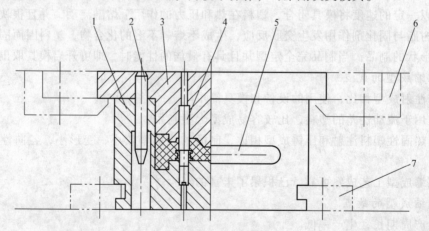

图 7-2　半固定式压缩模

1—凹模（加料腔）　2—导柱　3—凸模　4—型芯　5—手柄　6—压板　7—导轨

（3）固定式压缩模　固定式压缩模上、下都固定在压机上，开模、合模、脱模等工序均在机内进行，生产率较高，操作简单，劳动强度小，模具寿命长，但结构复杂，成本高，而且安放嵌件不方便。它适用于成型批量较大或尺寸较大的塑料制品。

2. 按上、下模配合结构特征分类

（1）溢式压缩模（敞开式压缩模）　溢式压缩模如图 7-3 所示。这种压缩模无加料腔，

型腔总高度 h 基本上就是塑料制品高度。由于凸模与凹模无配合部分，完全靠导柱定位，故压缩成型时，制品的径向壁厚尺寸精度不高，而高度尺寸尚可。压制时过剩的塑料极易从分型面溢出。宽度为 b 的环行面积是挤压面，因其宽度比较窄，可减薄塑料制品的飞边。合模时塑料受压缩，而挤压面在合模终点才完全闭合，因此挤压面在压缩阶段仅能产生有限的阻力，致使塑料制品的密度不高，强度差。如果模具闭合太快，会造成溢料量增加，既浪费原料，又降低塑料制品密度。相反，如果模具闭合太慢，由于塑料在挤压面迅速固化，又会造成飞边增厚。

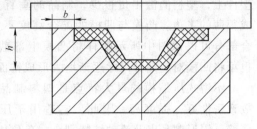

图 7-3　溢式压缩模

由于该模具成型的制品飞边总是水平的（平行于挤压面），因此去除比较困难，去除后还会损害塑料制品的外观。这种模具不适用于压缩率高的塑料，如带状、片状或纤维填料的塑料。最好采用颗粒或预压锭料进行压制。

溢式压缩模的凸模和凹模的配合完全靠导柱定位，没有其他的配合面。因此，它不宜成型薄壁或壁厚均匀性要求较高的制品，且用这种模具成批生产的塑料制品的外形尺寸和强度很难达到一致。此外溢式压缩模要求加料量大于塑料制品的质量（在 5% 以内），故原料有一定的浪费。

溢式压缩模的优点是：结构简单，造价低廉，耐用；制品易取出，特别是扁平制品可以不设推出结构。由于无加料腔，操作者容易接近型腔底部，所以，安装嵌件方便。它适于压制扁平的制品，特别是强度和尺寸无严格要求的制品，比如纽扣、装饰品等。

（2）半溢式压缩模（半封闭式压缩模）　半溢式压缩模如图 7-4 所示。该模具的特点是在型腔上方设一截面尺寸大于塑料制品尺寸的加料腔，凸模与加料腔成间隙配合。加料腔与型腔分界处有一环行挤压面，其宽度约为 4～5mm，凸模下压到与挤压面接触为止。在每一压制循环中，加料量稍有过量，过剩的原料通过配合间隙或在凸模上开设专门的溢料槽排出。溢料速度可通过间隙

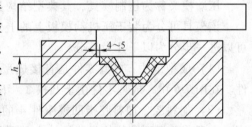

图 7-4　半溢式压缩模

大小和溢料槽多少进行调节，其塑料制品的致密度比溢式压缩模的好。半溢式压缩模的操作方便，加料时只要按体积计量，而塑料制品的高度尺寸由型腔高度 h 决定，可得到高度基本一致的制品。

此外，由于加料腔的截面尺寸比塑料制品大，凸模不沿着模具型腔壁摩擦，不会划伤型腔壁表面，推出时也不会损伤塑料制品外表面。当塑料制品外轮廓形状复杂时，可将凸模与加料腔周边配合面形状简化，以简化加工工艺。

由于这种压缩模具有以上的优点，因而使用比较广泛。它适用于成型流动性较好的塑料及形状较复杂的、带有小型嵌件的塑料制品。但半溢式压缩模由于有挤压边缘，不适于压制以布片或长纤维做填料的塑料。

（3）不溢式压缩模（封闭式压缩模）　不溢式压缩模的结构如图 7-5 所示。该模具的加料腔是型腔上部截面的延续，凸模与加料腔有较高精度的间隙配合，故塑件径向壁厚尺寸

精度较高。理论上讲，压机所施加的压力将全部作用在塑件上，塑料的溢出量很少，制品的垂直方向上可能形成很薄的飞边。凸模与凹模的配合高度不宜过大，不配合部分可以像图中所示那样将凸模上部截面尺寸减小，也可将凹模对应部分尺寸逐渐增大形成锥面。

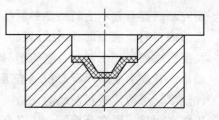

图 7-5　不溢式压缩模

不溢式压缩模的最大特点是塑料制品承受压力大，故致密性好，强度高。因此，它适用于压制形状复杂、薄壁、深形制品以及流动性特别小、单位压力高、表现密度小的塑料。用它压制棉布、玻璃布或长纤维填充的塑料是可行的。这不仅因为这些塑料的流动性差，要求的单位压力高，若采用溢式压缩成型时，进入挤压面上的布片或纤维填料会妨碍模具闭合，造成飞边增厚和制品高度尺寸不准确，后加工时，这种夹有纤维或布片的飞边很难去除。而不溢式压缩模没有挤压面，故所制得的塑料制品不但飞边极薄，而且飞边在制品上呈垂直分布，可采用平磨等方法去除。

不溢式压缩模的缺点是：由于塑料溢出量极少，加料量多少直接影响塑料制品的高度尺寸，每次加料必须准确称量。因此，流动性好，容易按体积计量的塑料一般不采用不溢式压缩模。另外，这种模具的凸模与加料腔内壁有摩擦，不可避免地擦伤加料腔内壁。由于加料腔截面尺寸与型腔截面尺寸相同，在推出时，带有划伤痕迹的加料腔会损伤制品外表面。不溢式压缩模必须设置推出装置，否则制品很难取出。这种压缩模一般为单型腔，因为多型腔如加料不均衡，会造成各型腔压力不等，引起一些制品欠压。

三、压缩模的典型结构

压缩模又称为压制模具，其典型结构如图 7-6 所示。

该模具可分为装于压机动模板上的上模和装于压机工作台上的下模两大部分。压缩模还可以进一步分为以下几大部分：

（1）成型零件　成型零件是直接成型塑件的零件，也就是组成直接和塑件相接触的零件。在图 7-6 中，成型零件由上凸模 3、下凸模 8、凹模镶件 4、侧型芯 20、型芯 7 构成。

（2）加料腔　加料腔指凹模镶件 4 的上半部分。由于塑料原料与塑件相比有较小的密度，成型前单靠型腔往往无法容纳全部原料，因此，在型腔之上设有一段加料腔。对于多型腔压缩模，其加料腔有两种形式，如图 7-7 所示。一种是每个型腔都有自己的加料腔，而且每个加料腔彼此分开，如图 7-7a、b 所示。其优点是凸模对凹模的定位较方便，如果个别型腔损坏，可以方便维修、更换或停止对个别型腔的加料，因而不影响压缩模的继续使用。但是这种模具要求每个加料腔加料要很准确，因而加料很费时间，比较麻烦，模具外形尺寸比较大，装配精度要求较高。另一种结构形式是多个型腔共用一个加料腔，如图 7-7c 所示。其优点是加料方便而迅速，飞边把各个塑件连成一体，可以一次推出，模具轮廓尺寸较小，但个别型腔损坏时，会影响整副模具的使用。而且，当共用的加料腔比较大的时候，塑料流至端部或角部处流程较长，生产中等尺寸塑件时，容易形成缺料等现象。

（3）导向机构　在图 7-6 中，导向机构由布置在模具上模周边的四根导柱 6 和下模的导套 9 组成。导向机构用来保证上、下模合模的对中性。为了保证推出机构顺利地上、下滑动，该模具在下模座板 17 上还设有两根推板导柱 15，在件 17、18 上装有推板导套 16。

（4）侧向分型抽芯机构　当压制带有侧孔和侧凹的塑件时，模具必须设有各种侧向分

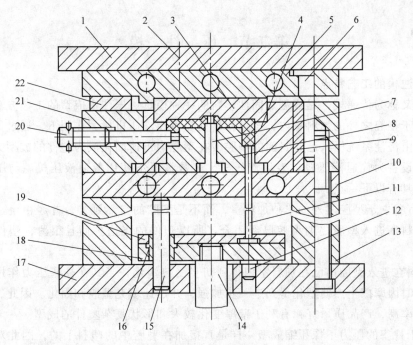

图 7-6 典型的压缩模结构

1—上模座板 2—螺钉 3—上凸模 4—凹模镶件 5—加热板 6—导柱 7—型芯 8—下凸模 9—导套
10—支承板（加热板） 11—推杆 12—支撑钉 13—垫块 14—压机顶杆 15—推板导柱 16—推板导套
17—下模座板 18—推板 19—推杆固定板 20—侧型芯 21—凹模固定板 22—承压板

型抽芯机构，塑件才能被脱出。图 7-6 所示塑件带有侧孔，在顶出前先用手转动丝杆抽出侧型芯 20。

（5）推出机构 图 7-6 中的推出机构由推杆 11、推杆固定板 19、推板 18、压机顶杆 14 等零件够成。

（6）加热系统 热固性塑料压缩成型需要在较高的温度下进行，因此，模具必须进行预热。为此，要设置加热装置。常见的加热方法有电加热、油加热、蒸汽加热或过热水加热、煤气或天然气加热。其中电加热由于其环保、节能、安全、方便等优点而被广泛应用。图 7-6 中加热板 5、10 分别对上模、下模进行加热，加热板圆孔中插入电加热棒进行加热。

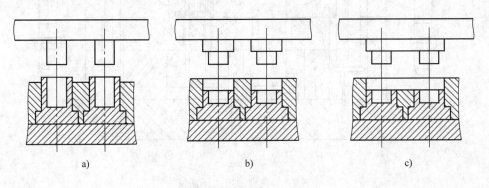

a)   b)   c)

图 7-7 多型腔模及其加料腔

第二节 压 注 模

一、压注模的工艺特点

压注模又称为传递模，是成型热固性塑料的一种模具。压注模成型的工艺方法是将塑料加入到独立于型腔之外的加料室内，经过初步受热后在液压机压力作用下，通过压料柱塞将塑料熔体经由浇注系统压入已经封闭的型腔，在型腔内迅速固化成为塑件的成型方法。压注成型所用的设备为普通液压机或专用液压机，多数情况下使用普通液压机。与压缩成型相比，其主要具有以下特点：

1）具有独立于型腔之外的单独加料室，而不是型腔的自然延伸，并经由浇注系统与型腔相连。塑料在进入型腔之前型腔已经闭合，所以塑件的飞边少而且很薄，塑件尺寸精度高。

2）塑料在进入型腔前已在加料室内得到初步受热塑化，当其在柱塞压力作用下快速流经浇注系统时因摩擦生热使塑化得到进一步加强，并迅速填充型腔和固化。因此，成型周期短，生产效率高，产品质量好，有利于壁厚变化较大和形状复杂塑件的成型。

3）由于柱塞的压力不像压缩成型一样是直接加在型腔中的塑料上的，因此对带有细小嵌件、多嵌件或含有细长小孔的塑件成型有利。而对于含有纤维状填料的塑料，由于在经过

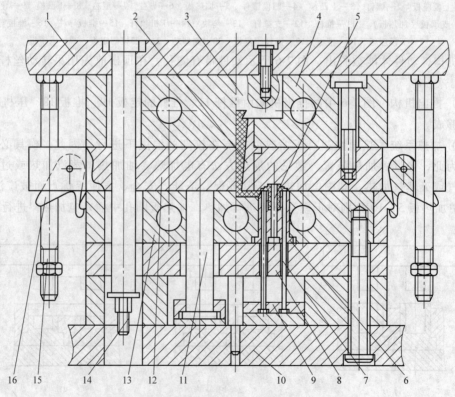

图 7-8 典型固定式压注模

1—上模座板 2—浇口套 3—柱塞 4—加料腔 5—型芯 6—凹模镶件 7—推杆 8—支承板 9—推杆固定

10—下模座板 11—复位杆 12—上凹模板 13—凹模固定板 14—定距拉杆 15—拉杆 16—拉钩

浇注系统时纤维状填料会受到较强的摩擦剪切作用而发生断裂，故有损于该类塑料塑件的力学性能，特别是冲击强度。

4）塑件的收缩率大于压缩成型，各向异性明显。它适于粉状、粒状、碎屑状、纤维状、团块状塑料的成型，但不适于片状塑料的成型。

5）塑料的流动性要好，所需成型压力较高，塑料的消耗量比压缩成型大。

压注成型周期较短，生产效率较高。压注成型时，塑料注入预先闭合的模具型腔，塑料制件的尺寸精度较高。塑料塑化好，可以成型深孔及形状复杂的塑料制件，也可成型带有精细及易碎嵌件的塑料制件，成型的制件有优良的电气性能和较高的强度。但压注成型的塑料制件带有浇注系统的凝料，塑料制件留有修整浇口的痕迹；模具结构复杂，成本较高。

二、压注模的典型结构

1. 固定式压注模

图 7-8 所示为在普通液压机上使用的典型的固定式压注模，模具开模后脱出塑料制品的过程为：开模后，柱塞 3 向上运动，脱离加料腔 4 并顶出主流道内的凝料。当柱塞上升到一定距离后，拉杆 15 上的螺母碰到拉钩 16，使拉钩与凹模固定板 13 脱钩。由于定距拉杆 14 的作用，使上凹模板 12 与凹模固定板 13 分开，此时加料腔、上凹模板、浇口套 2 构成一体，悬浮在上、下模之间，最后由液压机推杆通过推板推动推杆 7，将塑料制件从凹模镶件 6 中推出。

2. 移动式压注模

图 7-9 所示为在普通液压机上使用的典型的移动式压注模。这种压注模的结构简单，成本较低，适用于小批量生产。该模具在结构上和固定式压注模不同的是加料腔与模具本体可以分离。开模时，先用卸模架将上模座板 1 推出，固定在上模座板上的柱塞带动主流道凝料在主流道下端与分流道连接处拉断，取下加料腔，取出主流道凝料，然后再分型取出塑料制件。

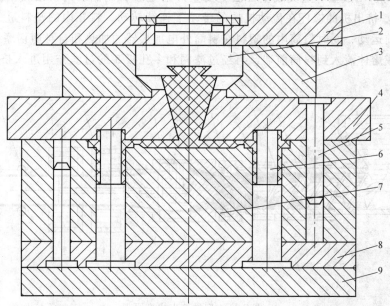

图 7-9　典型移动式压注模

1—上模座板　2—柱塞　3—加料腔　4—流道板　5—导柱　6—型芯　7—凹模　8—型芯固定板　9—下模座板

第三节　挤出模具

一、挤出成型的基本概念及特点

"挤塑模"系塑料挤出成型用模具的统称，也叫挤出成型机头或模头，属塑件成型加工的又一大类重要工艺装备。图7-10为常用挤出机。

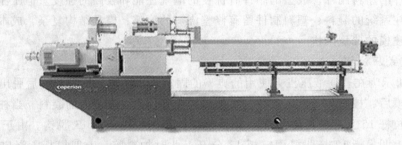

图 7-10　常用挤出机

挤出成型主要用于生产热塑性塑料型材、薄膜、中空制品等塑料制品。

二、挤出模具的成型原理与典型结构

1. 挤出成型原理

（1）型材挤出成型　这类成型方法主要生产的是管材制品，其挤出成型的工艺过程如图7-11所示。挤出机的螺杆在传动机构的带动下连续转动，料斗内的塑料进入到料筒后沿着螺旋槽向前运动，同时料筒内的塑料在料筒外电加热器的加热和自身剪切摩擦热的双重作用下，塑化成熔体流入到料筒前端，再经过滤网和多孔板5的过滤作用进入挤出模6。熔体

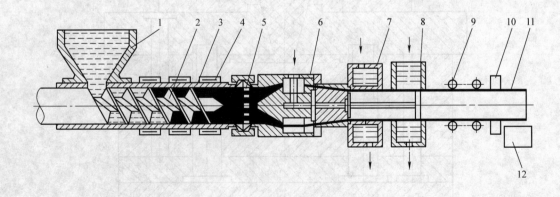

图 7-11　型材挤出成型原理

1—料斗　2—螺杆　3—料筒　4—电加热器　5—滤网和多孔板　6—挤出模　7—定型装置
8—冷却水槽　9—牵引装置　10—切割装置　11—塑料管　12—储料装置

在流经挤出模口部的环行缝隙时，被挤压成管状，紧接着进入定型装置 7（定径套）强压冷却定形，然后再进入冷却水槽 8 中进一步冷却，充分冷却的管子由可调节牵引速度的牵引装置 9 匀速拉出，经过切割装置按规定的长度进行切割，即可获得一定壁厚及一定长度的塑料管材。

（2）薄膜挤出吹塑成型　挤出机输送的熔融塑料流经挤出口部缝隙时被挤成圆筒形的薄壁管坯，从挤出模下方的进气口向管坯内充入压缩空气，使管坯横向吹胀成膜管。膜管由牵引辊连续地进行纵向牵拉，在经过冷却风环时受到压缩空气的冷却作用而定型。充分冷却的膜管被导辊压成双折薄膜，通过牵引辊以恒定的线速度进入卷取装置。充入膜管的压缩空气量（压力）应保持恒定，以保证薄膜的厚度和宽度保持不变。

（3）中空制品挤出吹塑成型　中空制品的挤出吹塑成型过程如图 7-12 所示。将挤出机挤出的半熔融状态的塑料管坯趁热置于模具中，并立即在管坯中通入压缩空气将其吹胀，使其紧帖于模具型腔壁上成型，冷却脱模后既得到中空制品。

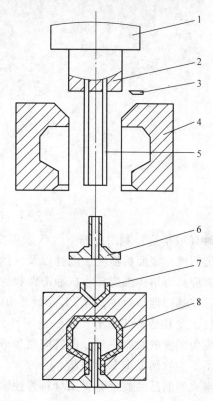

图 7-12　中空制品挤出吹塑成型原理
1—挤出机　2—挤出模　3—切料刀　4—吹塑模
5—坯料　6—进气管　7—尾料　8—中空制品

第四节　中空成型模具

一、中空成型模具概述

中空吹塑成型是将处于塑性状态的塑坯置于模具型腔内，借助压缩空气将其吹胀，使之紧贴于型腔壁上，经冷却定型得到中空塑料制品的模塑方法，中空吹塑成型可以获得各种形状与大小的中空薄壁塑料制品，在工业中尤其是在日用工业中十分广泛，如图 7-13 所示。

塑料中空吹塑成型可采用挤出吹塑、注射吹塑、拉伸吹塑和多层吹塑等方法。其中应用较多的是挤出吹塑和注射吹塑成型方法。在成型技术上两种的区别仅在型坯的制造上，其吹塑过程基本相似。两种成型方法也各具特色，注射法有利于型坯尺寸和壁厚的准确控制，所得制品规格均一，无接缝线痕，底部无飞边不需要进行较多的修饰；挤出法制品形状的大小不受限制，型坯温度容易控制，生产效率高，设备简单投资少。对大型容器的制作，可配以储料器以克服型坯悬挂时间长的下垂现象。此法工业生产上采用较多。

此外，近年来发展起来的所谓拉伸吹塑是在注射法或挤出法的技术上先制成型坯，再将型坯处理到适当的温度范围（粘弹性状态），由拉伸芯棒或拉伸夹具的机械作用进行轴向拉

图 7-13   中空塑料成型制品

伸，同时（或稍后）利用压缩空气吹胀而实现径向拉伸，径轴双向拉伸的中空容器，其冲击性、透明度、表面粗糙度、刚性以及气体阻隔性都能得到明显的改善。用作中空成型的原料，通常应具有熔体强度高、抗冲击性和耐环境应力开裂性好以及气密性比较好和抗药性好等特点。在热塑性塑料中，除 PE 和硬质 PVC 是较常用的材料外，也可用 HIPS、PA、PC 等工程塑料，尤其是 PET 具有质轻、透明性好、强度高、卫生性好等突出性能。目前，这些也迅速成为满意的吹瓶原料。但就应用领域来看，仍以高、低密度 PE 最为普遍，国内、外已开发了不少吹塑成型专用塑脂。

中空吹塑制品的质量除受原材料弹性影响外，成型条件、机头及模具设计都是十分重要的影响因素，尤其对影响制品壁厚均匀性的诸多因素必须严格控制和设计。

思考与练习题

7-1　简述压缩模的生产过程。

7-2　简述压缩模的优点与缺点。

7-2　简述压缩模的分类及其特点。

7-3　试述移动式压缩模中各个零件的作用。

7-4　简述溢式压缩模的特点。

7-5　典型压缩模由哪几个部分组成？各部分有什么作用？

7-6　简述压缩成型设备中液压机的工作原理。

7-7　塑料成型用液压机的类型有哪些？

7-8　简述压注模的定义。

7-9　压注模的特点有哪些？

7-10　压注模有哪些类型？

7-11　典型压注模由哪几个部分组成？各部分有什么作用？

7-12　简述挤出成型的基本概念及特点。

7-13　挤出机头有哪些类型？

7-14　简述中空成型的定义。

第八章　模具制造的基础知识

学习要求：掌握模具制造技术的特点与发展趋势；掌握模具制造的基本要求与模具制造的流程；了解模具的生产组织形式与标准化；了解模具测量的常用方法与仪器。

学习重点：模具制造的基本要求与模具制造的流程。

第一节　模具制造技术的特点与发展趋势

一、模具制造的特点

模具作为一种特殊的工艺装备，其生产和工艺有如下特点：

1）形状复杂，加工精度高，表面质量好。当前，随着社会的不断进步，对产品零件的要求越来越高，因此对模具的要求也越来越高，而模具加工精度主要取决于加工机床精度、加工工艺条件、测量手段和方法等。因此，在模具生产中精密数控设备的使用越来越普遍，如平面和成型磨床、镗铣和加工中心、电火花和线切割、连续轨迹坐标磨床、三坐标测量机等，使模具加工向高技术密集型发展。同时，在生产中较多地采用"实配法"、"同镗法"等，虽然降低了模具零件的互换性，但便于保证加工精度，减小加工难度。

2）模具材料优异，加工难度大，加工难度大。模具的主要零件多采用优质合金钢制造，特别是高寿命模具，常采用 Cr12、CrWMn 等莱氏体钢制造。这类钢材从毛坯制造、加工到热处理均有严格的要求，因此加工工艺的编制就更加不容忽视。热处理变形也是加工中需认真对待的问题。

3）模具生产批量小，大多具有单件生产的特点。模具不是直接使用的产品，而是为生产产品而制造的工艺装备，这就使模具生产具有单件小批生产的特点。一般来说，模具加工的生产率是次要的，而保证质量是第一位的，因此在制订加工工艺规程时，采用少工序、多工步的加工方案，即工序集中的方案。

4）生产周期短。由于新产品更新换代的加快和市场竞争的日趋激烈，要求模具生产周期越来越短。模具的生产管理、设计和工艺工作都应该适应这一要求，要提高模具的标准化水平，以缩短制造周期，提高质量，降低成本。

5）要求模具的寿命高。从使用角度来讲，要求模具的寿命越高越好，这不仅促进了模具新材料的涌现，也给模具生产带来了新的要求。除模具的材料要求很高外，模具的硬度也要求很高。在生产实际中，热加工工艺的安排对保证模具质量、缩短制造周期影响很大。

6）要求进行试模和调整。由于模具生产的上述特点和模具设计的经验性，模具在装配后必须通过试冲或试压，才能最后确定是否合格。同时有些部位需要试修才能最后确定。因此，在生产进度安排上必须留有一定的试模周期。

二、模具制造技术的发展趋势

随着我国社会主义市场经济的不断发展，工业产品的品种增多，产品更新换代加快，市场竞争日益激烈。在这种情况下，用户对模具制造要求"交货期短"、"精度高"、"质量好"、"价格低",促使模具制造技术的发展出现以下趋势。

1）模具 CAD/CAM 技术将得到更快的发展。模具 CAD/CAM 技术在模具设计和制造上的优势越来越明显,它是模具技术的又一次革命。随着模具设计制造的计算机软件日趋完美,普及和提高模具 CAD/CAM 技术的应用是模具制造业发展的必然趋势。

2）快速原型制造（RPM）及相关技术将在我国得到更好的发展,快速原型制造技术是最新发展的高科技技术,被公认为是继 NC 技术以来的一次革命。

其基本原理是:将计算机内的三维实体模型进行分层切片得到各层截面的轮廓,计算机将此信息控制激光器（或喷嘴）有选择地切割一层又一层的片状材料（或固化一层层的液态光敏树脂,烧结一层层的粉末材料,或喷射一层层的热熔材料或粘合剂等方法）形成一系列具有一个微小厚度的片状实体,再采用粘接、聚合、熔接、焊接或化学反应等手段使其逐层堆积成一体制造出所设计的三维模型或样件。或者简单地说其基本原理为"分层制造"、"逐层叠加"。它可以在没有任何刀具、模具及工装夹具的情况下,快速、直接地制造任意复杂形状的实体样件或模具,实现零件的单件生产。因此,既可以节约制模成本,又可大大提高新产品样件的制造速度。根据零件的复杂程度,制作周期只需 1 ~ 7 天。

3）高速加工机床将得到更广泛的应用。国外近年来发展的高速铣削加工,主轴转速可达 40000 ~ 100000r/min,快速进给速度可达到 30 ~ 40m/min,换刀时间可提高到 1 ~ 2s。这样就大幅度提高加工效率,并可获得 $R_a \leqslant 1\mu m$ 的加工表面粗糙度。另外,还可加工硬度达 60HRC 的模块,形成了对电火花成型加工的挑战。高速切削加工与传统切削相比还具有温升慢（加工工件升高 3℃）、热变形小等优点。目前,它已向更高的敏捷化、智能化、集成化方向发展,促进了模具加工技术的发展,特别是对汽车、家电行业中大型型腔模具制造注入了新的活力。

4）模具高速扫描及数字化系统将在逆向工程中发挥更达作用,高速扫描机和模具扫描系统,已在我国 200 多家模具厂点得到应用,取得良好效果。该系统提高了从模型或实物扫描到加工出期望的模型所需的诸多功能,大大缩短了模具的研制制造周期。有些快速扫描系统,可快速安装在已有的数控铣床及加工中心,用雷尼绍的 SP2-1 扫描测头实现快速数据采集,采集的数据通过软件可自动生产各种不同数控系统的加工程序及不同格式的 CAD 数据,用于模具制造业的"逆向工程"。高速扫描机速度最高可达 3m/min,大大缩短了模具的研制制造周期。

模具扫描系统已在汽车、摩托车、家电等行业得到成功应用。逆向工程和并行工程将在今后的模具生产中发挥越来越重要的作用。

5）电火花铣削加工技术将得到发展。电火花铣削加工技术也称为电火花创成加工技术,这是一种替代传统的用成型电极加工型腔的新技术,它是用高速旋转的简单的管状电极作三维轮廓或二维轮廓加工（像数控铣一样）,因此不再需要制造复杂的成型电极,这显然是电火花成型加工领域的重大发展。国外已有使用这种技术的机床在模具加工应用,预计这一技术将得到发展。

6）超精加工和复合加工将得到发展。航空航天等部门已应用纳米技术,必须要有超高精度的模具制造超高精度的零件。随着模具向精密化和大型化方向发展,加工精度超过 $1\mu m$ 的超精加工技术和集电、化学、超声波、激光等技术综合在一起的复合加工将得到发展。兼备两种以上工艺特点的复合加工技术在今后的模具制造中将有广阔的前景。

7）模具标准化程度将不断提高。我国模具标准化程度正在不断提高，估计目前我国模具标准件使用覆盖率已达到30%左右。国外发达国家一般为80%左右，为了适应模具工业发展，模具标准化工作必须将加强，模具标准化程度将进一步提高，模具标准件生产也必须得到发展。

8）为了适应对模具寿命的要求，优质材料及先进表面处理技术将进一步受到重视。在整个模具价格构成中，材料占比重不大，一般在10% ~30%之间，因此选用优质钢材和应用相对应的表面处理技术来提高模具的寿命就显得十分必要。对于模具钢来说，要采用电渣重熔工艺，努力提高钢的纯净度、等向性、致密度和均匀性及研制更高性能或具特殊性能的模具钢，如采用粉末冶金工艺制作的粉末高速钢等。其碳化物微细，组织均匀，没有材料方向性，因此它具有韧性高、磨削工艺好、耐磨性高、常年使用尺寸稳定等优点，是一种很有发展前途的钢材。特别对形状复杂的冲压件及高速冲压的模具，其优越性更加突出。这种钢还适用于注射成型添加玻璃纤维或金属粉末的增强塑料模具，如凹模、型芯、浇口等主要部件。另外，模具钢品种规格多样化、产品精细化、制品化，尽量缩短供货时间也是重要方向。

9）模具研磨、抛光将向自动化、智能化方向发展。模具表面的精加工是模具加工中未能很好解决的难题之一。模具表面的质量对模具使用寿命、制件外观质量等方面均有较大的影响，我国目前仍以手工研磨抛光为主，不仅效率低（约占整个模具周期的1/3），且工人劳动强度大，质量不稳定，制约了我国模具加工向更高层次发展。因此，研究抛光的自动化、智能化是重要的发展趋势。日本已研制了数控研磨机，可实现三维曲面模具的自动化研磨、抛光。另外，由于模具型腔形状复杂，任何一种研磨抛光方法都有一定局限性。应注意发展特种研磨与抛光方法，如挤压珩磨、电化学抛光、超声抛光以及复合抛光工艺与装备，以提高模具表面质量。

10）模具自动加工系统的研制和发展，随着各种新技术的迅速发展，国外已出现了模具自动加工系统，这也是我国长远发展的目标。模具自动加工系统应有如下特征：多台机床合理组合；配有随行定位夹具或定位盘；有完整的夹具、数控库；有完整的数控柔性同步系统；有质量监测控制系统。

11）虚拟技术将得到发展，计算机和网络的发展正使虚拟技术成为可能。虚拟技术可以形成虚拟空间环境，实现虚拟拟合设计、制造，合作研究开发，及建立虚拟企业。

第二节　模具制造的基本要求和生产流程

一、模具制造的基本要求

在现代工业生产中，模具已成为大批量生产各种工业产品和日用生活品的重要工艺设备。应用模具的目的在于保证产品的质量，提高生产效率和降低制造成本。因此，不但要有合理、正确的模具设计，还必须有高效、高质的模具制造技术作为保证。

为了满足使用的需要，必须了解生产实际对模具的要求，也就是模具的技术经济指标。模具的技术经济指标概括起来可归纳为：模具的精度和刚度、模具的生产周期、模具的生产成本和模具的寿命四个基本方面。模具生产过程的各个环节都应该根据生产对模具在这四个方面的要求考虑问题。同时模具的技术经济指标也是衡量一个国家、地区和企业模具生产技术水平的重要标志。

1. 模具的精度和刚度

（1）模具的精度　机械产品的精度包括尺寸精度、形状精度、位置精度和表面粗糙度。机械产品在工作状态下的精度称为动态精度，在非工作状态下的精度称为静态精度。

模具的精度主要体现在模具工作零件的精度和相关部位的配合精度。模具工作部位的精度高于产品制件的精度，例如，冲裁模刃口尺寸的精度要高于产品制件的精度。冲裁凸模和凹模间冲裁间隙的数值大小和均匀一致性也是主要精度参数之一。平时测量出的精度都是非工作状态下的精度（如冲裁间隙），即静态精度。而在工作状态时，受到工作条件的影响，静态精度发生了变化，变为动态精度，动态精度才是真正有实际意义的。一般模具的精度也应与产品制件的精度相协调，同时受模具加工技术手段的制约。随着制造技术的发展，模具加工技术手段的提高，模具精度也会相应地提高，模具工作零件的互换性生产将成为现实。

影响模具制造精度的因素有很多，主要包括：产品制件精度、模具加工技术手段的水平、模具装配的技术水平以及模具制造的生产方式和管理水平等。

（2）模具的刚度　对于高速冲裁模、大型件冲压成型模、精密塑料模和大型塑料模，不仅要求其精度高，同时还要求其具有良好的刚度。这类模具的工作负荷较大，当出现较大的弹性变形时，不仅要影响模具的动态精度，而且关系到模具能否正常工作。因此，在模具设计中，在满足强度要求的同时，还应保证模具的刚度，同时在制造中也要避免由于加工不当造成的附加变形。

2. 模具的生产周期

模具的生产周期是指从接受模具订货任务开始到模具试模鉴定后交付合格模具所用的时间。当前，模具使用单位要求模具的生产周期越来越短，以满足市场竞争和更新换代的需要。因此，模具生产周期的长短是衡量模具企业生产能力和技术水平的综合标志之一，也关系到模具企业在激烈的市场竞争中有无立足之地。同时模具的生产周期长短也是衡量一个国家模具技术管理水平高低的标志。

模具技术和生产的标准化程度、模具企业的专门化程度、模具生产技术手段的先进程度、模具生产的经营和管理水平等都是影响模具生产周期的重要因素。

3. 模具的生产成本

模具的生产成本是指企业为生产和销售模具支付费用的总和。模具的生产成本包括原材料费、外购件费、外协件费、设备折旧费、经营开支等等。从性质上又分为生产成本、非生产成本和生产外成本，通常讲的模具生产成本是指与模具生产过程有直接关系的生产成本。

影响模具生产成本的主要因素主要包括：模具结构的复杂程度和模具功能的高低、模具精度的高低、模具材料的选择、模具的加工设备以及模具的标准化程度和企业生产的专门化程度。

4. 模具的寿命

模具的寿命是指模具在保证产品零件质量的前提下，所能加工制件的总数量，它包括工作面的多次修磨及易损件更换前后所加工制件的数量之和。一般在模具设计阶段就应明确该模具所适用的生产批量类型或模具生产制件的总次数，即模具的设计寿命。不同类型模具的正常损坏形式也不一样。但总的来说工作表面损坏的形式有摩擦损坏、塑性变形、开裂、疲劳损坏、啃伤等等。

影响模具寿命的主要因素有：

（1）模具的结构　合理的模具结构有助于提高模具的承载能力，减轻模具承受的热-机械负荷水平。

（2）模具的材料　应根据产品零件生产批量的大小，选择模具材料。

（3）模具的加工质量　模具零件在机械加工、电火花加工、铸造、预处理、淬硬和表面处理时的缺陷，都会对模具的耐磨性、抗咬合能力、抗断裂能力产生显著的影响。

（4）模具的工作状态　模具工作时，所使用设备的精度与刚度、润滑条件、被加工材料的预处理状态、模具的预热和冷却条件等都对模具的寿命产生影响。

（5）产品零件的状况　被加工零件材料的表面质量状态，材料的硬度、延展率等力学性能，被加工零件的尺寸精度等都与模具的寿命有直接的关系。

模具的精度和刚度、生产周期、模具的生产成本以及模具的寿命，它们之间是互相影响和互相制约的。在实际生产过程中要根据产品零件和客观需要综合平衡这些因素，抓住主要矛盾，求得最佳的经济效益，满足生产的需要。

二、模具制造的流程

模具制造的流程，是指将用户提供的产品信息、制件的技术信息、价格信息，通过结构分析、工艺性分析，设计成模具；并基于此，将原材料经过加工、装配、试模，转变为具有使用价值的成形工具的全过程。其基本工艺路线如图 8-1 所示。

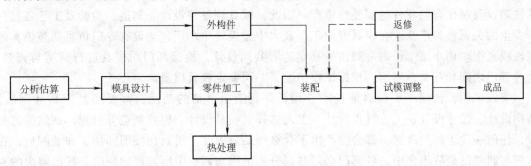

图 8-1　模具制造的基本工艺路线

1. 分析估算

分析估算指的是根据制品零件图样或实物进行估算。在接受模具制造的委托时，首先要根据制品零件图样或实物，分析研究将用模具的套数、模具结构及主要加工方法，然后进行模具价格估算。

2. 模具设计

在进行模具设计时，首先要尽量多收集信息，并认真地加以研究，然后再进行模具设计。否则，即使是设计出的模具性能优良，精度很高，也不能符合要求，所完成的设计并不是最佳设计。

3. 零件加工

此阶段又可分为以下几个过程：

（1）备料、下料　备料的方式有标准模坯和自制模坯两种方式。选用标准模坯时一般根据模具的大小选用标准模架、模板毛坯、螺钉销钉等。自制模坯时要进行板材切割、锻造毛坯的选择等工作。一般情况下，尽量选用标准模坯，模具基本设计完后，在备料时，对整幅模具的主要零件进行同时备料，并列好备料清单。

（2）模具零件粗加工　在粗加工时，要对毛坯进行划线、钻孔、攻螺纹等。去除精加工前的大部分余量。此阶段主要的加工方法有车、刨、铣、磨、镗、钳工等。

（3）热处理　通过淬火、退火、正火、回火等热处理工艺，改变模具材料的力学性能，达到加工或使用要求。

（4）模具零件精加工　在精加工时，零件加工余量比较少，某些零件已淬火处理，材料硬度比较高。因此，此阶段在一般采用车、铣、磨、镗、钳工等加工方法外，有时还采用电切削加工方法，如电火花成型、电火花线切割成型，以及化学腐蚀、电铸加工等方法，对表面质量要求高的零件有的还需要进行研磨、抛光、成形磨削等。对硬度比较低结构比较复杂的零件，精加工时一般采用数控加工成形，它是一种比较先进的加工方式。

4. 模具的装配

模具装配是模具制造过程的最后阶段，装配质量如何将影响模具的精度、寿命和各部分的功能。同时模具装配阶段的工作量又比较大，又将影响模具的生产制造周期和生产成本。因此，模具装配是模具制造中的重要环节之一。

5. 试模与调整

试模与调整是模具制造中的最后工序。它的主要工作是弥补模具在设计和制造上所存在的缺陷以及制出合格零件的实验性生产。因此，模具调整与设计、制造、检验及工艺各部门所发生的关系极为广泛。在模具专业工厂及大中型模具生产厂，均设有专门负责调整模具的工段或班组。而小型工厂则一般由模具制造者共同设计，检验部门对模具进行试模与调整。这些部门之间相互关系密切，根据试模情况，共同鉴定模具质量。

实践证明，任何一副模具的投产使用，并制造出合格的制品，都要经过产品（制品）结构设计、尺寸设计、工艺过程设计、工艺选择、模具设计、模具制造等过程。在这些过程中，任何一项工作的疏忽，都会生产出不合格产品。因此，模具在按图样加工和装配后，在试模与调整的最后工序中，各部门必须共同分析试模与调整中所发现的缺陷，找出解决的对策，以使其不仅能生产出合格的制品来，而且能安全稳定地投入生产使用，达到预期的使用效果及经济效益。

第三节　模具生产的组织形式与标准化

一、模具生产的组织形式

模具生产的组织形式以模具生产的规模、模具的类型、加工设备状况和生产技术水平的不同而异，目前国内模具企业生产的组织形式主要有以下三类。

1. 按生产工艺指挥生产

模具的生产过程按照模具制造工艺规程确定的程序和要求来组织生产。这时生产班组的划分以工种性质为准，如分成车工、铣镗、磨工、特种加工和精密加工、热处理、备料和模具钳工等若干班组。生产过程的进行由专职计划调度人员编制生产进度计划，统一组织调度全部生产过程。

这种组织形式的特点是：

1）便于计划管理，为采用计算机辅助设计、制造、管理和网络技术创造了条件。

2）符合专业化生产的原则，有利于提高生产效率，提高技术水平。

3）生产组织严密，计划性强，要求技术人员和管理人员有较高的素质和能力。另外，这种组织形式对产品和生产的变形有更强的适应性和应变性。

4）由于分工细，生产环节多，模具生产周期长。

2. 以模具装配钳工为核心的指挥生产

按照模具类型的不同，以模具钳工为核心，配备一定数量的车、铣、磨等通用设备和人员组成若干生产单元，在一个生产单元内由模具钳工统一指挥技术、生产进度。由专门化较强的和高精密的机床组成独立生产单元，由车间统一调度和安排。这种组织形式适合于生产规模较小和模具品种较单一的生产情况。

它的特点是：

1）属于作坊式生产，因此模具质量和进度主要取决于模具钳工的技术水平和管理水平。

2）生产目标明确，责任性强，有利于调动生产人员的积极性，便于实行一专多能。

3）简化生产环节，有利于缩短制造周期和降低成本。

4）不利于生产技术的提高和标准化工作的发展。

3. 全封闭式生产

这种组织形式是将模具车间内的模具设计、工艺、管理和生产人员按模具类型不同，组成若干个独立的封闭的生产工段，在生产工段内实行全配套。

它的特点是：

1）工段内有生产指挥权，减少了生产环节，加快了生产进度。

2）不便于生产技术的统一管理，各工段之间无法有效地进行协调和平衡。

3）当某一环节出现问题，易造成整个生产过程无法正常进行。

生产组织形式的不同，主要取决于模具生产技术发展的水平和生产规模。评定生产组织形式是否合理，主要看能否保证模具质量、提高综合经济效益。

二、模具标准化

所谓模具标准化，就是将模具许多零件的形状和尺寸以及各种典型组合和典型结构按统一结构及尺寸，实行统一标准系列一并组织专业化生产，以满足用户需求。模具零部件的标准化是实现缩短模具设计、制造和维修周期的重要途径。

1. 模具标准化的意义

模具标准化是模具生产技术发展到一定水平的产物，是一项综合性的技术工作和管理工作，它涉及到模具设计、制造、材料、检验和使用的各个环节。同时模具标准化工作又对模具工业的发展起到促进作用，是模具进行专业化生产、专门化生产和采用现代技术装备的基础。模具标准化的意义主要体现在以下几个方面：

（1）提高模具零件的合格率　稳定、提高和保证模具设计质量及制造中必须达到的质量规范，以保证模具零件的加工质量，使模具零件制造的不合格率减少到最低限度。

（2）降低模具的设计和制造成本　组织模具件的批量化生产，并使之商品化，以提高专业化协作生产水平，提高模具制造质量和使用性能，降低生产成本，大幅度节约原材料，节省加工时间，以取得最大的社会、技术和经济效益。

（3）减少模具设计人员的重复工作量　模具零、部件的标准化，可以使模具设计人员，将主要精力用来进行改进性和创造性设计。

（4）缩短模具制造周期　模具零、部件的标准化，有助于缩短模具制造周期。据介绍，工业化国家模具标准件的利用率在60%以上，我国只有20%左右，在大量使用模具标准零件、部件和半成品件后，可使模具制造周期缩短20% ~40%。

（5）是模具现代化生产的基础　模具标准化是模具现代化生产技术和装备、实现模具的计算机辅助设计和制造、利用高效精密数控及计算机数控加工机床、建立模具成型零件柔性成型加工技术的基础。模具 CAD/CAM 工作是建立在模具图样绘制规划、标准模架、典型组合和结构、设计参数和技术要求标准化以及使用现代加工技术装备的基础上的。它对于提高模具技术经济指标和解决大型复杂模具技术是必不可少的。

（6）有利于国际间的交流与合作　模具的技术名词、术语、技术条件的规范化、标准化，将非常有利于在国内外商业、贸易和科学技术等方面进行合作与交流，增强国家的技术经济实力。

总之，模具标准化是模具工作的支柱，只有制定了模具标准，并且能得到广泛的应用和贯彻，才能根据标准组织专门化生产，加快模具工业发展的进程，从而获得较高的经济效益。

2. 模具标准件的应用和发展

大力开发和采用模具标准件是加速模具工业发展的重要措施之一，是加速模具国产化的需要。

（1）国家对发展模具工业扶植的政策和内容　为加快我国模具工业和标准件的发展，国家把模具工业列为"十五"期间优先发展的三大类重点产品之一，并从 1997 年开始，国家对模具企业实行了"增殖税先征后返"的优惠政策予以扶植。同时国家还把模具标准件列为重点扶植的一部分，为模具标准的应用和发展奠定了基础。扶植的内容包括：

1）技术含量高，能反映模具制造水平和发展方向的模具，以及进口的中、高档模具。

2）模具的主要标准件：模架（冷冲、塑料、压铸等）；导向件（导柱、导套、导板等）；推杆、推管（圆形、异形）；弹性元件（异型截面钢丝螺旋压缩簧、聚氨酯弹性件及氮气缸等）；小型标准件（标准凸凹模、浇口套、定位圈、拉钩等）；热流道装置（内热式、外热式、针阀式、管式、温控式）；标准组件（凸模块换装置、侧冲装置等）。

（2）模具标准件的应用与发展历程　近 20 年来，模具标准件的应用水平和商品化程度正在逐年提高。20 世纪 70 年代国内只有中小型模架、普通导向件（不含油的导柱、导套）；20 世纪 80 年代主要推广应用了异型截面钢丝弹簧、气动元件等；20 世纪 90 年代至今主要推广应用了各种快换结构的冲切装置，含油导向装置、斜楔侧冲装置和液压缸等。"十五"期间主要大力发展塑料模具用的热流道装置，以及模具标准件，如：固体润滑导套（A、B、C、D 型）、导柱、斜导柱、推板导柱（A、B 型）、固体润滑耐磨板、含油导板、含油滑块倒轨等导向零件；圆锥定位销、楔形定位块等定位零件；型芯滑块、斜杆滑块、斜导柱滑块、锁紧块等斜导柱分型抽芯机构。

第四节　模具的测量

在模具制造中，模具的测量和检验是模具加工中的重要环节。加强模具装配前后及模具零件各工序间的质量检验，是确保模具质量的重要手段。

模具的测量技术主要是研究模具零部件几何量的测量和检验，其基本要求是控制测量误差，保证测量精度；正确选择测量方法和量具、量仪，保证测量的高效率和低成本。

一、测量基准

基准是确定零件或部件上某些点、线、面的位置时所依据的该零件上的点、线、面。基准可分为设计基准、工艺基准两大类。工艺基准又分为工序基准、定位基准、测量基准和装配基准等。测量时所采用的基准称为测量基准。在模具测量中，为保证模具测量结果的准确度和可靠性，必须正确选择测量基准。

设计基准往往同时用作装配基准；在零件加工时，应以设计基准作为定位基准；在检测时，应根据检测项目的具体要求来选择测量基准，对最终检测应选择装配基准（通常即为设计基准）为测量基准。因此，检测模具上的各个尺寸，应首先根据图样的尺寸标注方法，选择设计基准为测量基准，以避免因基准不一致带来的误差。

二、模具零件几何量的测量

模具零件的测量内容包括：

（1）线性尺寸　这包括长度、厚度、宽度、直径、从基准面到测量部位的距离及孔的间距等。用于测量长度的量具及量仪有：

1）游标量具　游标量具的读数部分主要由尺身和游标组成，利用尺身刻线间距与游标刻线间距之差表示小数读数。游标量具的读数值一般为 0.02mm、0.05mm 和 0.10mm 三种。按其用途可分为游标卡尺、游标深度尺和游标高度尺三类。

2）测微量具　测微量具应用螺旋副传动原理，借助测微螺杆与螺纹轴套作为一对精密螺纹耦合件，将回转运动变为直线运动后，从固定套管和微分尺所组成的读数机构读得尺寸。按其用途可分为外径千分尺、内径千分尺、深度千分尺、内侧千分尺和杠杆千分尺等。

3）指示式量具及其测量　指示式量具是借助杠杆、齿轮、齿条或扭簧的传动，将测量杆的微小直线位移变为指针的角位移，从而指出相应的示值。这种量具有分度值为 0.01mm 的百分表和分度值为 0.001mm 的千分表，主要用于对工件的长度尺寸的直接测量或比较测量。

4）量块　量块通常叫作块规，它是具有两个平行测量面的长方体，主要用于鉴定和校准各种长度计量器具和在长度测量中作为比较测量的标准，还可用于模具制造中的精密划线和定位。

5）线性尺寸的精密测量　对于模具导柱外径和导套孔径之类精密零件的被测表面，可用各种比较仪配合量块作标准器校准来进行比较测量；也可用测长仪上的高精度刻线标尺、平面螺旋游标读数装置及其附件进行直接测量；还可在光学量仪上利用光学投影将被测零件的局部（或全部）轮廓放大投影到量仪的屏幕上，根据零件的投影轮廓影像用特别的标准读数装置进行测量。

（2）角度及锥度　如斜楔、镶拼凹模的角度，旋压芯模、装配式导柱的锥度等。用于测量角度和锥度的量具及量仪有以下几种。

1）角度量块　它是角度测量中的标准量具，用来调整测角仪器和量具，校正角度样板，也可直接检验精度较高工件的角度。

2）角度样板　角度样板是根据被测角度的两个极限尺寸制成的，因此有通端和止端之分。

3）圆锥量规　圆规量规包括圆锥塞规和圆锥环规，分别用于检验工件的内、外圆锥的基面距误差和锥角误差。

4）万能工具显微镜　一般可用该仪器所带的分度台、分度头、测量目镜等直接测量角度，但精度不高，如用间接测量法可得到较高的精度。

除此之外，还有万能角度尺、光学分度头、正弦台等，其中正弦台应用最为广泛。

（3）模具型面、型腔　如冲裁模的凸模和凹模刃口形状等型面，以及拉深模、锻模、塑料模、压铸模等型腔。常用的检测方法如下：

1）用检验样板检验　检验样板的主要功能是检验模具型面或型腔等定部位截面的形状和尺寸。使用截面样板进行检测，在精度要求不太高（公差值大于 ±0.05mm）时，是一种有效方便的测量方法，但制造样板的劳动量较大，一般适于批量模具的检测。

2）用坐标法检测复杂型面　型腔及其截面样板型一般都是由不同形状的线（或圆弧）、直线与斜线所组成的。因此，在检测时需要确定各线段接点（交点或切点）位置的坐标尺寸。典型的接点位置形式主要有直线与直线相连接的接点位置、直线与圆弧相连接的接点位置以及圆弧与圆弧相连接的接点位置。确定该类零件各线段的接点位置的坐标尺寸，主要采用平台检测技术和使用仪器直接测量。

3）用量棒或钢球检测　对模具型腔的检验，有时也可以使用量棒或钢球。量棒用于检验圆柱、圆锥等形状；钢球用于检验各种球面或圆弧面。量棒和钢球本身都应经过淬火和研磨，为便于使用，可装上手柄。检测时在量棒或钢球表面涂上显示剂（如红丹粉），放入型腔，用手轻轻摇动手柄，然后取出量棒或钢球，根据型腔表面留下的色迹，来分析判断型腔的形状、尺寸，决定修整的位置。

4）用浇铅等方法检测　一般在上、下模体的型腔修整结束后，还应通过浇铅或石膏进行上下模的校对检验。对精度要求特别高的锤锻模，应在压力机上压制铅件来检查。由于铅的再结晶温度低于室温，在常温下没有收缩，因此可以准确地得到型腔的实际尺寸和形状。对于注射模和压铸模等，则可用测量的方法来检验模具相应部位的尺寸和形状。

（4）形状误差及位置误差

（5）表面粗糙度

（6）硬度

思考与练习题

8-1　模具制造的特点有哪些？

8-2　模具制造的发展趋势有哪些？

8-3　模具制造的基本要求有哪些？

8-4　用图示的方法表示模具生产的基本工艺路线。

8-5　模具生产的组织形式有哪些？各种组织形式的特点有哪些？

8-6　模具标准化的意义有哪些？

第九章 模具制造的常用加工技术

学习要求：了解一般机械加工方法加工模具的基本原理和工艺；理解模具其他加工机床的加工方法；掌握模具光整加工的常用加工方法。

学习重点：光整加工的常用加工方法。

第一节 模具的一般机械加工

模具中的模板、模座及导向零件等多为板类、轴类及套类零件，模具中形状简单的工作零件，如塑料模中的型芯及凹模型腔，冲模中的凸模、凹模等，这些零件的内外表面通常采用传统的切削加工方法（如车削、铣削、磨削、刨削、钻削等）切去多余的金属材料获得所要求的形状、尺寸及表面质量。

一、车削加工

在模具制造中，车削加工是加工回转体类零件（如导柱、导套、浇口套、圆形截面的推杆、拉料杆、型芯、凸模等）的主要工序，也可加工有回转曲面的凹模等。在车削加工中，使用较多的是卧式车床。就其基本的工作内容来说，可以车削外圆、车端面、车内外圆锥面、车特型面、切断、切槽、钻中心孔、钻孔、镗孔、铰孔、车削各种螺纹、滚花等。如果在车床上装上其他附件和夹具，还可以进行研磨、抛光等工作。车削加工的生产率高、生产成本低，能进行粗车、半精车、精车，精车的尺寸精度可达 IT7 ~ IT6，表面粗糙度值 R_a 为 $1.6 \sim 0.8\mu m$。车削是应用最广泛的金属切削加工方法之一。

二、铣削加工

因铣削加工具有加工范围广、生产率高等优点。所以，铣削是模具零件加工中常用的切削加工方法之一。在铣床上可以对平面、斜面、沟槽、台阶、成形面等表面进行铣削加工。铣削加工成形的经济精度为 IT10，表面粗糙度值为 $R_a 3.2\mu m$；用做精加工时，尺寸精度可达 IT8，表面粗糙度值为 $R_a 1.6\mu m$。

三、磨削加工

为了达到模具的尺寸精度和表面粗糙度等要求，有许多模具零件必须经过磨削加工。例如，模具的基准面，导柱的外圆表面，刀套的内、外圆表面以及模具零件之间的接触面等都必须经过磨削加工。在模具制造中，形状简单（如平面、内圆和外圆表面）的零件可用一般磨削加工，而形状复杂的零件则需使用各种精密磨床进行成形磨削。一般磨削加工是在平面磨床、内外圆磨床、工具磨床上进行的。

四、刨削加工

刨削主要用于模具零件外形的加工。中小型零件广泛采用牛头刨床加工，而大型零件则需用龙门刨床加工。一般刨削加工的精度可达 IT10，表面粗糙度值为 $R_a 1.6\mu m$。

五、钻削加工

钻削是模具零件中圆孔的主要加工方法，所用的设备主要是钻床，所用的刀具是麻花钻、扩孔钻、铰刀等，分别用于钻孔、扩孔、铰孔等钻削工作。在模具制造中常用钻孔对孔进行粗加工，去除大部分余量，然后经扩孔、铰孔，对未淬硬孔进行半精加工和精加工，以达到设计要求。

六、高速切削

（1）高速切削技术的技术思想和内涵　高速切削技术目前还没统一的定义，一般指采用超硬材料的刀具，通过极大地提高切削速度和进给速度，来提高材料切除率、加工精度和加工表面质量的现代加工技术。以主轴转速界定：高速加工的主轴转速≥10000r/min。

（2）高速切削技术的切削速度范围　高速切削技术涉及到多种切削方法：车、铣、磨等。一般切削速度范围因不同的加工方法和不同的工件材料而异，通常高速车削的切削速度范围为700～7000m/min，高速铣削的范围为300～6000m/min，高速磨削为50～300m/s。

（3）高速切削技术的特点

1）加工效率高。进给率较常规提高5～10倍，材料去除率提高3～6倍。

2）切削力小。切削力较常规切削降低至少30%，径向力降低更明显。这有利于减小工件受力变形，适合加工薄壁件和细长件。

3）切削热少。加工过程迅速，95%以上的切削热被切屑带走，工件集聚热量少，温升低，适于加工易氧化和易产生热变形的零件。

4）加工精度高。刀具激振频率远离工艺系统固有频率，不易产生振动；又因切削力小，热变形小，残余应力小，易于保证加工精度和表面质量。

5）工序集约化。高速切削可获得高的加工精度和低的表面粗糙度值，在一定的条件下，可对硬表面加工，从而使工序集约化。这对模具加工有特别意义。

（4）高速切削技术的应用　技术的应用范围很广，现主要用于以下几个领域：

1）航空工业轻合金的加工。

2）模具制造业也是高速切削应用的重要领域。

3）汽车工业是高速切削的又一应用领域。

第二节　模具的其他加工方法

随着模具制造技术的发展和模具新材料的出现，对于凸模、凹模等模具工作零件，除采用切削加工和特种加工方法（电火花成形加工、电火花线切割加工等）进行加工外，还可以采用冷挤压、超塑成形、电铸等方法进行加工。这些加工方法各有其特点和适用范围。在应用时可根据模具材料、模具结构特点和生产条件等因素选择。

一、冷挤压加工

1. 成形原理

冷挤压加工是在常温条件下，利用金属塑性变形的原理，将淬硬的工艺凸模，在油压机的高压下缓慢地挤入具有一定塑性的坯料中，从而获得与工艺凸模形状相同、凹凸相反的型腔，如图9-1所示。

2. 冷挤压的特点和应用

冷挤压加工具有以下特点：

1）可以加工形状复杂的型腔，尤其适合于加工某些难于进行切削加工的形状复杂的型腔。

2）挤压过程简单迅速，生产率高；一个工艺凸模可以多次使用。对于多型腔凹模采用这种方法，生产效率的提高更明显。

3）加工精度高（可达 IT7 或更高），表面粗糙度值小，R_a 一般在 0.16μm 左右。

4）冷挤压的型腔，材料纤维未被切断，金属组织更为紧密，型腔强度高。

综合以上特点，冷挤压加工广泛适用于小尺寸浅型腔模具及难于机械加工的复杂型腔模具的制造，同时还可以用于有浮雕花纹、字母及多型腔模具的加工。

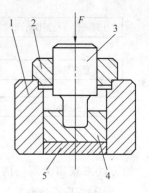

图 9-1 冷挤压加工
1—模套 2—导向套
3—工艺凸模 4—模
坯 5—垫板

3. 冷挤压加工工艺过程

冷挤压加工工艺过程如图 9-2 所示，可以分为以下几个步骤：

（1）坯料准备 检查工艺凸模、坯料、模套质量，表面应无伤痕，符合图样要求。

图 9-2 冷挤压加工工艺过程

（2）坯料挤压表面处理 擦去工艺凸模、坯料被挤压表面的油污，涂上硫酸铜或润滑油脂。

（3）装模 在凹模及模套之间应涂上二硫化钼，将坯料放入模套内，装好导向圈及工艺凸模，推入油压机活塞中心。

（4）挤压 按挤压深度调整限制挡块；关好安全门，开动油压机加压；当深度达到额定值后，自动停机。

（5）卸模 在油压机内将坯料及工艺凸模一起顶出模套，卸模。

（6）检查 卸开坯料，按图样进行检查各尺寸；深度不够时，退火后再重新挤压。

二、超塑成形工艺

某些金属材料在一定条件下具有特别好的塑性，其伸长率可达 100% ~ 2000%，这种现象叫做超塑性。伸长率能超过 100% 的材料均称为超塑性材料。具有超塑性的材料有很多种，常用于模具制造的有 ZnAl22、T8A、Cr12MoV 等。

1. 超塑成形原理

用超塑性成形工艺制造型腔是以超塑性金属为型腔坯料，在超塑性状态下将工艺凸模压入坯料内部，以实现成形加工的一种工艺方法。采用这种方法制造型腔，材料不会因大的塑性变形而断裂，也不硬化，对获得形状复杂的型腔十分有利。

2. 成形工艺方法

用 ZnAl22 制造塑料模型腔的工艺过程如图 9-3 所示。

（1）坯料准备 一般情况下，原材料在出厂前均已经过超塑性处理，所以只需要选择适当的板形或棒形的 ZnAl22 合金，经切削加工为型腔坯料后，即可进行挤压成形。若材料规格不能满足要求，也可采用小规格的材料经等温锻造预成形；在特殊情况下也可使用浇铸

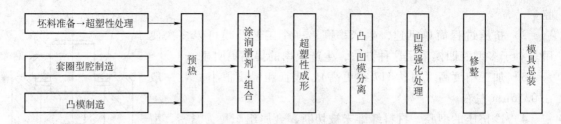

图 9-3　塑料模型腔超塑性成形的工艺过程

的方法来获得大规格的坯料。

（2）工艺凸模　工艺凸模可以采用中碳钢、低碳钢、工具钢等材料制造，一般不需要热处理，且凸模的制造精度和表面粗糙度的要求均应比型腔高一级。

（3）套圈　ZnAl22 在超塑性状态时屈服强度低，伸长率高，工艺凸模压入毛坯时，金属因受力会发生自由的塑性流动而影响成形精度。因此，应按图 9-4 所示使型腔的成形过程在套圈内进行。由于套圈的作用，变形金属的塑性流动方向与工艺凸模的压入方向相反，使变形金属与凸模表面紧密贴合，从而提高了型腔的成形精度。

（4）挤压设备　ZnAl22 在挤压时，坯料及凸模均应保持在 250℃ 的恒温。因此，压制型腔的液压机必须设置加热装置，如采用加热圈或电加热板，配以自动控温仪表，并以一定的压力实现超塑性成形。

（5）润滑　合理的润滑不仅能降低单位挤压力，还能使型腔获得理想的尺寸精度和表面粗糙度。常用的润滑剂有 295 硅脂、201 甲基硅油、硬脂酸锌等。

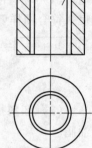

图 9-4　套圈
1—套圈　2—坯料

三、电铸制模技术

1. 电铸成形的原理

电铸加工在原理和本质上都是属于电镀工艺范畴，都是和电解相反，利用电镀液中的金属正离子在电场的作用下，镀覆沉积到阴极上去的过程。但它们也有明显的不同之处，见表 9-1。

表 9-1　电镀和电铸的主要区别

项目	电　镀	电　铸
工艺目的	表面装饰、防锈蚀	复制、成形加工
镀层厚度	0.01～0.05mm	0.05～5mm 或以上
精度要求	只要求表面光亮、光滑	有尺寸及形状精度要求
镀层牢度	要求与工件牢固粘结	要求与原模能分离
工作方式	需用镀槽，工件浸泡在镀液中，与阳极无相对运动	需用镀槽，工件与阳极可相对运动或静止不动

电铸加工的原理，如图 9-5 所示。

其原理是用可导电的原模作阴极，用电铸材料（例如纯铜）作阳极，用电铸材料的金属盐（例如硫酸铜）溶液作电铸镀液，在支流电源的作用下，阳极上的金属原子以金属离子进入镀液，在阴极上获得电子成为金属原子而沉积镀覆在阴极原模表面，阳极金属源源不断成为金属离子补充溶解进入电铸镀液，使其浓度保持基本不变。阴极原模上电铸层逐渐加厚，当达到预定厚度时即可取出，设法与原模分离，即可获得与原模型面凹凸相反的电铸件。

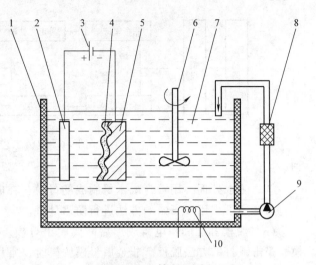

图9-5 电铸原理图

1—电镀槽 2—阳极 3—直流电源 4—电铸层 5—原模（阴极）
6—搅拌器 7—电铸液 8—过滤器 9—泵 10—加热器

2. 电铸成形的特点及应用

（1）电铸成形的特点

1）电铸型腔与母模的尺寸误差小（复制性好），误差只有几微米，表面粗糙度值 R_a 可达 $0.1\mu m$ 以下。

2）从工艺上，把难以加工或不可能直接加工的内形（如斜齿轮模具型腔）转化为电铸母模的外形面加工，降低了加工难度。

3）可直接用制品做母模来制造型腔；也可用电铸方法复制出已有的模具型腔，减少了很多工艺环节，提高了效率。

4）电铸获得的型腔或电极可以满足使用要求，一般不需要修整。例如，电铸镍型腔有较好的强度和硬度（抗拉强度 $1400\sim1600MPa$，硬度 $35\sim50HRC$），可以不进行热处理，避免变形。电铸铜电极纯度较高，有利于电加工。

5）电铸时金属沉积速度缓慢，制造周期长，如电铸镍一般需要1周左右。

6）电铸层厚度较薄（一般为 $4\sim8mm$），不易均匀，具有较大的内应力，大型电铸件变形显著，且不能承受大的冲击载荷。

（2）电铸成形的应用 虽然电铸成形本身的加工时间较长，但由于其工艺的独到之处，使模具的整体制造周期大为缩短，所以电铸模具也属于快速制模技术。电铸成形在实际生产中的应用主要体现在以下几个方面：

1）复制精细的表面轮廓花纹，如唱片模，工艺美术品模，纸币、证券、邮票的印刷板。

2）复制注塑用的模具、电火花型腔加工用的电极工具。

3）制造复制、高精度的空心零件和薄壁零件如波导管等。

4）制造表面粗糙度标准样板、反光镜、表盘、异形孔喷嘴等特殊零件。

3. 电铸成形的加工工艺过程

电铸工艺过程因母模材料和电铸材料的不同而不完全一致。一般电铸工艺过程如图9-6所示。

（1）母模的设计 母模的形状与所需型腔相反。

（2）电铸前的处理 电铸前处理包括金属母模的镀脱模层处理、非金属母模的镀导电层处理、防水处理等。

① 镀脱模层 用金属制的母模需镀上一层厚度为 $8\sim10\mu m$ 的硬铬，以便脱模。铬层表面不允许有气孔、麻点和脱铬现象。

② 镀导电层处理 非金属母模不导电，不能直接电铸，要经过镀导电层处理。导电层处理可以是涂覆导电漆、真空涂膜或阴极溅射，而更常用的是采取化学镀银或化学镀铜处

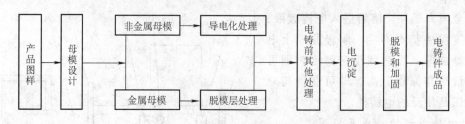

图 9-6　电铸工艺过程

理。

③　防水处理　用石膏或木材制成的母模，在电铸前可用喷漆或浸漆的方法进行防水处理。石膏还可采用浸石蜡的方法进行防水处理。

（3）脱模和加固　电铸成形后需要脱出母模。金属母模脱模比较困难，可以用螺钉脱模、敲击锤打的方法脱模。非金属母模脱模时，常用加热或冷却胀缩方法分离。一般先加热到 100～200℃，冷至 70～80℃ 即可将母模取出。较浅的型腔甚至可以用开水加热后脱模，但是母模容易受热变形、损坏。

电铸成形壁厚较薄，一般均需加固，加固方法可根据电铸件的形状、大小和技术要求而定。一般常用的加固方法有喷涂金属、无机粘结、铸铝、浇环氧树脂或低熔点合金。喷涂金属一般在电铸件的外层进行，达到一定厚度后再将外形机加工成所需形状。无机粘结是用无机粘结剂将电铸件外形与配作加工的钢套内型粘结在一起。粘结厚度为 0.2～0.3mm。铸铝一般用于电铸件背后加固。环氧树脂或低熔点合金一般浇注在电铸电极的内壁，防止电加工时电极变形。

四、合成树脂模具的制造

用合成树脂制造的模具与金属模具相比，其强度和耐用度虽然较差，但制模时间短，使用方便，制造和修理容易，在新产品试制或制件批量较小的情况下，为了降低制造成本，缩短制模周期，可采用合成树脂制作薄钢板、铝板的弯曲、拉深模具以及中小型塑料注射模具等。用合成树脂制作模具有以下两种方法：湿式叠层法和浇注法。所谓湿式叠层法是把添加了硬化剂的树脂浸渗在玻璃纤维内，按模型逐次层叠起来。硬化后即为所需的模具零件。由于玻璃纤维的增强作用使模具有较好的抗弯性能。由于用叠层法制造模具很费工时，除特殊情况外，一般都采用浇注法制造模具。浇注法制模是用加入剂的树脂浇注在用模框围起来的模型上，树脂固化后与模型分离即成模具零件。

合成树脂模具也属于快速制模技术。

1. 制造模具的树脂

合成树脂的种类很多，制作模具用的树脂有以下几种：

（1）聚酯树脂　这种树脂可在常温常压下进行硬化，有以下特点：机械强度高；成形方法容易；化学性能稳定。因为聚酯树脂硬化时的收缩量大，所以制作模具时必须考虑树脂收缩对模具制造精度的影响。

（2）酚醛树脂　酚醛树脂本身很脆，必须加入各种填料后方能获得所要求的性能，这种树脂的原材料丰富，价格低廉。

（3）环氧树脂　环氧树脂是热固性树脂中收缩性最小的一种，若加入填料后收缩率更小（约为 0.1%），具有高的机械强度，在常温下能耐一般酸、碱、盐和有机溶剂等化学药品的侵蚀，但其制品抗冲击性能低、质脆，需要加入适量的填充剂、吸释剂、增韧剂等来改善其性能。

（4）塑料钢　塑料钢是铁粉和塑料的混合物，其质量分数分别为80%和20%，加入特殊固化剂，不要加热、加压，经2h左右即可固化成金属一样的制品。另外，也能像黏土一样自由造型。塑料钢可作拉深模，其缺点是价格昂贵。

2. 树脂模具的制作工艺

由于各种树脂模具的使用要求及结构尺寸不同，其制作工艺过程也相差较大。环氧树脂型腔模的制作工艺过程如图9-7所示。

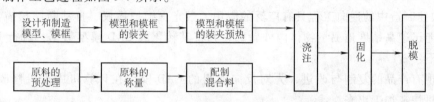

图9-7　环氧树脂型腔模的制作工艺过程

五、快速制模技术

随着科学技术的进步，市场竞争日趋激烈，产品更新换代周期越来越短，因此，缩短新产品的开发周期，降低开发成本，是每个制造厂商面临解决的问题，对模具快速制造的要求便应运而生。

快速制模技术包括传统的快速制模技术（如合成树脂模具、电铸模具等）和以快速成形技术（Rapid Prototyping，RP）为基础的快速制模技术。

1. 快速制模技术的基本原理

快速成形技术的具体工艺方法很多，但其基本原理都是一致的，即以材料添加法为基本方法，将三维CAD模型快速（相对机加工而言）转变为由具体物质构成的三维实体原型。首先在CAD造型系统中获得一个三维CAD模型，或通过测量仪器测取实体的形状尺寸，转化为CAD模型，再对模型数据进行处理，沿某一方向进行平面"分层"离散化，然后通过专用的CAM系统（成型机）对胚料分层成形加工，并堆积成原型。

2. 快速制模技术的特点

快速成形技术开辟了不用任何刀具而迅速制造各类零件的途径，并为用常规方法不能或难于制造的零件或模型提供了一种新的制造手段。它在航天航空、汽车外形设计、轻工产品设计、人体器官制造、建筑美工设计、模具设计制造等技术领域已展现出良好的应用前景。归纳起来，快速成形技术有如下特点：

1）由于快速成形技术采用将三维技术转化为二维平面分层制造机理，对工件的几何构成复杂性不敏感，因而能制造复杂的零件，并能直接制造复合材料的零件。

2）能快速制造模具

①　能借助电铸、电弧喷涂等技术，由塑料件制造金属模具。

②　将快速制造的原型当做消失模（也可通过原型翻制制造消失模的母模，用于批量制造消失模），进行精密铸造。

③　快速制造高精度的复杂母模，进一步浇铸金属件。

④　通过原型制造石墨电极，然后由石墨电极加工出模具型腔。

⑤ 直接加工出陶瓷型壳进行精密铸造。

3）在新产品开发中的应用。通过原型（物理模型）设计者可以很快地评估一次设计的可行性并充分表达其构思。

4）快速成形过程是高度自动化、长时间连续进行的，操作简单，可以做到昼夜无人看管，一次开机，可自动完成整个工件的加工。

5）快速成形技术的制造过程不需要工装模具的投入，其成本只与成形机的运行费、材料费及操作者工资有关，与产品的批量无关，很适宜于单件、小批量及特殊、新试制品的制造。

6）快速制造中的逆向工程具有广泛的应用。激光三维扫描仪、自动断层扫描仪等多种测量设备能迅速高精度地测量物体内外轮廓，并将其转化成 CAD 模型数据，进行 RP 加工。其应用如下：

① 现有产品的复制与改进，先对反向而得的 CAD 模型在计算机中进行修改、完善，再用成形机快速加工出来。

② 医学上，将 RP 与 CT 扫描技术结合，能快速、精确地制造假肢、人造骨骼、手术计划模型等。

③ 人体头像立体扫描，数分钟内即可扫描完毕，由于采用的是极低功率的激光器，对人体无任何伤害。正因为逆向法和 RPM 的结合有广泛的用途，国外的 RPM 服务机构一般都配有激光扫描仪。

第三节 光 整 加 工

光整加工是指精加工后，从工件上不切除或只切除极薄材料层，以降低零件表面粗糙度值，提高表面形状精度和增加表面光泽为主要目的的加工方法。

目前，对模具成形表面的精度要求越来越高，对其表面粗糙度值要求越来越小，特别是高寿命、高精密模具，其精度发展到要求微米级精度。其成形表面一部分可采用超精密磨削达到设计要求，但异型和高精度表面都需要进行光整加工。常用的光整加工方法有研磨和抛光、电化学抛光以及超声波抛光等方法。

一、研磨与抛光

1. 研磨和抛光的机理

研磨是一种使用研具和游离磨料对被加工表面进行微量加工的精密加工方法，可用于各种钢、铸铁、铜、铝、硬质合金等金属材料，以及玻璃、陶瓷、半导体等非金属材料零件的平面、内外圆柱面、圆锥面和其他形面的加工。研磨后的工件表面，可获得很小的表面粗糙度值和很高的尺寸精度、几何形状精度及一定的位置精度，在模具制造中广泛应用。

在研磨过程中，被加工表面发生复杂的物理和化学作用，主要表现在：

（1）微切削作用 在研具和被加工表面作相对运动时，磨料在压力作用下，对被加工表面进行微量切削。在不同加工条件下，微量切削的形式不同。当研具硬度较低、研磨压力较大时，磨粒可镶嵌到研具上产生刮削作用，这种方式有较高的研磨效率；当研具硬度较高时，磨粒不能嵌入研具，磨粒在研具和被加工表面之间滚动，以其锐利的尖角进行微切削。

（2）挤压塑性变形 钝化的磨粒在研磨压力作用下挤压被加工表面的粗糙突峰，使突峰趋向平缓和光滑，被加工表面产生微挤压塑性变形。

（3）化学作用　当采用氧化铬、硬脂酸等研磨剂时，研磨剂和被加工表面产生化学作用，形成一层极薄的氧化膜，这层氧化膜很容易被磨掉，而又不损伤材料基体。在研磨过程中氧化膜不断迅速形成，又很快被磨掉，提高了研磨效率。

抛光是用微细磨粒和软质工具，对工件表面进行加工的一种工件表面最终光饰加工方法。其主要目的是去除前工序留下的加工痕迹（如刀痕、磨纹、划痕、麻点、毛刺等），减小工件的表面粗糙度值。

2. 研磨抛光的分类

研磨抛光的分类方法有很多，最常用的是按研磨抛光中的操作方式划分，可以将研磨抛光分为手工研磨抛光和机械研磨抛光。

（1）手工研磨抛光　它是指主要靠操作者采用辅助工具进行研磨抛光。加工质量主要依赖操作者的技艺水平，劳动强度比较大，效率比较低。

（2）机械研磨抛光　它是指主要依靠机械进行研磨抛光，如挤压研磨抛光、电化学研磨抛光等。机械研磨抛光质量不依赖操作者的个人技艺，工作效率比较高。

3. 研磨抛光的加工要素

研磨抛光的加工要素见表9-2。

表9-2　研磨抛光的加工要素

加工要素		内　　　容
加工方式	驱动方式	手动、机动、数字控制
	运动形式	回转、往复
	加工面数	单面、双面
研具	材料	硬质（淬火钢、铸铁）、软质（木材、塑料）
	表面状态	平滑、沟槽、孔穴
	形状	平面、圆柱面、球面、成形面
磨料	材料	金属氧化物、金属碳化物、氮化物、硼化物
	粒度	$\phi 0.01\mu m$ 左右
	材质	硬度、韧性
研磨液	种类	油性、水性
	作用	冷却、润滑、活性化学作用
加工参数	相对运动	$1 \sim 100 m/min$
	压力	$0.001 \sim 3.0 MPa$
	时间	视加工条件而定
环境	温度	视加工条件而定，超精密型为 (20 ± 1)℃
	净化	视加工要求而定，超精密型为净化间 $1000 \sim 100$ 级

二、电化学抛光

1. 基本原理

电化学抛光的基本原理如图9-8所示。被抛光零件接直流电源的阳极，耐腐蚀材料（不锈钢或铝材）作为工具接直流电源的阴极。将零件和工具放入电解液槽中，零件、工具和电解液中就有电流通过，阳极在电化学作用下产生溶解现象，其表面的金属被一层层蚀除，使被抛光零件的表面粗糙度值减小，而零件的形状和尺寸不受影响。

随着阳极溶解的进行，在阳极表面上生成粘度高，电阻大的氧化物薄膜。在突起处薄膜较薄，电阻较小，电流密度比凹洼处大（另外从电学理论得知：电场中得带电体，其电力线在粗糙表面尖端处的密度大），因此突起处首先被溶解。经过一段时间后，高低不平的表面逐渐被蚀平，从而得到光洁平整的表面。

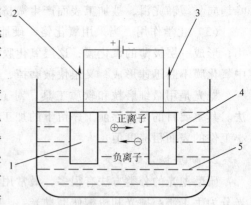

图 9-8 电化学抛光的基本原理图
1—加工零件 2—电子流方向 3—电流
方向 4—工具 5—电解液

2. 特点

1）电火花加工后的表面，经过电化学抛光后可使表面粗糙度 R_a 值从 $3.2 \sim 1.6 \mu m$ 减小到 $0.4 \sim 0.2 \mu m$。电化学抛光时各部位金属去除速度相近，抛光量很小，电化学抛光后的尺寸精度和形状精度可控制在 $0.01 mm$ 之内。

2）电化学抛光的效率是普通手工研磨抛光的几倍。如抛光余量为 $0.1 \sim 0.15 mm$ 时，电化学抛光时间约为 $10 \sim 15 min$，而且抛光速度不受材料硬度的影响。

3）电化学抛光工艺方法简单，操作容易，而且设备简单，投资小。

4）电化学抛光不能消除原表面的"粗波纹"，因此，电化学抛光前零件表面应无波纹现象。

三、超声波抛光

人耳能听到的声波频率为 $16 \sim 16000 Hz$，频率低于 $16 Hz$ 的声波为次声波，频率超过 $16000 Hz$ 的声波为超声波。用于加工和抛光的超声波频率为 $16000 \sim 25000 Hz$，超声波和普通声波的区别是超声波频率高、波长短、能量大和有较强的束射性。

1. 基本原理

超声波加工和抛光是利用工具端面作超声波振动，迫使磨料悬浮液对硬脆材料表面进行加工的一种方法。超声波抛光的作用是减小表面粗糙度值，其原理如图 9-9 所示。抛光时工具 5 和工件 7 之间加入由磨料和工作液组成的磨料悬浮液，工具以较小的压力压在工件表面上。超声换能器 2 通入 $50 Hz$ 的交流电，产生 $16000 Hz$ 以上的超声频纵向振动，并借助变幅杆 3、4 把位移振幅放大到 $0.05 \sim 0.1 mm$ 左右，驱使工具端面作超声振动，迫使工作液中的悬浮磨料以很大的速度和加速度不断地撞击和抛磨被加工表面，使被加工表面的材料遭到破坏变成粉末，实现微切削作用。虽然每次打击下来的粉末很少，但由于打击的频率很高，所以仍保持一定的加工效率。

超声波抛光的主要作用是磨料在超声振动下的机械撞

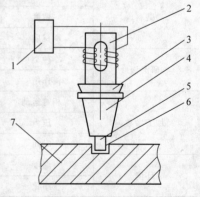

图 9-9 超声波抛光原理示意图
1—超声发生器 2—超声换能器
3、4—变幅杆 5—工具 6—磨
料悬浮液 7—工件

击和抛磨，其次是工作液中的"空化"作用加速了超声波抛光和加工的效率。所谓"空化"作用是当产生正面冲击时，促使工作液钻入被加工表面的微裂处，加速了机械破坏作用。在高频振动的某一瞬间，工作液又以很大的加速度离开工件表面，工件表面的微细裂纹间隙形成负压和局部真空。同时在工作液内也形成很多微空腔，当工具端面以很大的加速度接近工件表面时，迫使空泡闭合，引起极强的液压冲击波，强化了加工过程。

2. 特点

1）超声波抛光适用于加工硬脆材料及不导电的非金属材料。

2）工具对工件的作用力和热影响小，不会产生变形，也不会产生烧伤现象和产生变质层，加工精度可达 $0.01 \sim 0.02$mm，表面粗糙度 $R_a = 1 \sim 0.1 \mu$m。

3）可以抛光薄壁、薄片、窄缝及低刚度零件。

4）超声波抛光设备简单，使用和维修方便，操作容易。

5）由于抛光时工具头无旋转运动，工具头可以用软材料做成复杂形状，故可以抛光复杂的型孔和型腔表面。

思考与练习题

9-1 冷挤压加工有哪些特点和应用？

9-2 简述冷挤压加工的基本工艺过程。

9-3 简述塑料模型腔超塑性成形的工艺过程。

9-4 电镀加工和电铸加工的主要区别在哪里？

9-5 简述环氧树脂型腔模的制作工艺过程。

9-6 何为研磨？何为抛光？它们主要应用在哪些场合？

9-7 简述电化学加工的特点和应用。

9-8 简述超声波加工的基本原理。

第十章 模具的制造与维护

学习要求：熟练掌握各种冲压模具、塑料模具零件的制造工艺过程；掌握各种冲压模具和塑料模具的安装调试方法；了解模具的保养与维护。

学习重点：模具主要零件的加工工艺过程。

第一节 概　述

一、模具精度

模具的制造精度主要体现在模具工作零件的精度和相关部位的配合精度。模具零件的加工质量是保证模具所加工产品质量的基础。零件的加工精度包含三个方面的内容：尺寸精度、形状精度和位置精度，这三者之间是有联系的。通常形状公差应限制在位置公差之内，而位置公差一般也应限制在尺寸公差之内。当尺寸精度要求较高时，相应的位置精度、形状精度也提高要求；但当形状精度要求高时，相应的位置精度和尺寸精度有时不一定要求高，这要根据零件的功能要求来决定。

一般情况下，零件的加工精度越高加工成本就越高，生产效率就越低。因此，设计人员应根据零件的使用要求，合理地规定零件的加工精度。

影响模具精度的主要因素有：

（1）制件的精度　产品制件的精度越高，模具工作零件的精度就越高。模具精度的高低不仅对产品制件的精度有直接影响，而且对模具的生产周期、生产成本以及使用寿命都有很大的影响。

（2）模具加工技术手段的水平　模具加工设备的加工精度、自动化程度是保证模具精度的基本条件。今后模具精度将更大地依赖于模具加工技术手段水平的高低。

（3）模具装配钳工的技术水平　模具的最终精度在很大程度上依赖于装配调试，模具光整表面的表面粗糙度值的大小也主要依赖于模具钳工的技术水平，因此模具钳工的技术水平是影响模具精度的重要因素。

（4）模具制造的生产方式和管理水平　在模具的设计和生产中，模具工作刃口尺寸是采用"实配法"，还是"分别制造法"加工，是影响模具精度的重要方面。对于高精度模具，只有采用"分别制造法"才能满足高精度的要求，实现互换性生产。

二、常用模具材料及热处理

模具材料的质量、性能、品种和供货是否及时，对模具的质量和使用寿命以及经济效益有着直接的重大影响。大量使用的模具材料为模具钢，年消耗量在 10 万吨以上。近年来，国内一些模具钢生产企业已相继建成和引进了一些先进工艺设备，使国内模具钢品种规格不合理状况有所改善，模具钢质量也有较大程度的提高。供应渠道较前有所改善。但国产模具钢钢种不全，不成系列，多品种、精料化、制品化等方面尚待解决。另外，还需要研究适应玻璃、陶瓷、耐火砖和地砖等成形模具用材系列。模具热处理是关系能否充分保证模具钢性能的关键环节。国内大部分企业在模具淬火时仍采用盐熔炉或电炉加热，由于模具热处理工艺执行不严，处理质量不高，而且不稳定，直接影响模具使用寿命和质量。近年来，真空热处理炉有了很大发展，正在推广使用。

1. 冷冲模常用材料及热处理

冲模材料种类很多，同时，冲压工序和被冲材料种类也很多，实际生产条件又不尽相同，因此，要做到合理选择模具材料，提出恰当的热处理要求，必须根据模具的工作条件、生产量、模具材料市场供应情况及各种模具材料的可加工性，进行认真的分析比较。凸、凹模常用材料及热处理要求见表10-1。其他零件的常用材料及热处理要求见表10-2。

表 10-1　凸、凹模常用材料及热处理要求

零件名称			选用材料牌号	热处理	硬度（HRC）	
模具类型		冲件情况			凸模	凹模
冲裁模	I	形状简单、冲裁材料厚度 t <3mm 的凸、凹模和凸凹模	T8A T10A 9Mn2V Cr6WV	淬火	58～62	60～64
		带台肩的、快换式的凸模、凹模和形状简单的镶块				
	II	形状复杂的凸、凹模和凸凹模	9CrSi CrWMn 9Mn2V Cr12，Cr12MoV 120Cr4W2MoV	淬火	58～62	60～64
		冲裁材料 t >3mm 的凸、凹模和凸凹模				
		形状复杂的镶块				
	III	要求耐磨的凸、凹模	Cr12MoV，GCr15 120Cr4W2MoV	淬火	60～62	62～64
			YG15	—	—	—
	IV	冲薄材料用的凹模	T8A	—	—	—
	V	板模的凸、凹模	T7A	淬火	43～48（对抗剪强度 τ ≤294MPa 的不处理）	
弯曲模	I	一般弯曲的凸、凹模及镶块	T8A，T10A	淬火	56～60	
	II	要求高度耐磨的凸、凹模及镶块 形状复杂的凸、凹模及镶块 生产批量特别大的凸、凹模及其镶块	CrWMn Cr12 Cr12MoV	淬火	60～64	
	III	热弯曲的凸、凹模	5CrNiMo，5CrNiTi 5CrMnMo	淬火	52～56	

（续）

零件名称			选用材料牌号	热处理	硬度（HRC）	
模具类型		冲件情况			凸模	凹模
拉深模	Ⅰ	一般拉深的凸、凹模	T8A，T10A	淬火	58～62	60～64
	Ⅱ	连续拉深的凸、凹模	T10A，CrWMn			
	Ⅲ	要求耐磨的凹模	Cr12，YG15 Cr12MoV，YG8		—	62～64
	Ⅳ	不锈钢拉深用凸、凹模	W18Cr4V		62～64	—
			YG15，YG8		—	
	Ⅴ	热拉深用凸、凹模	5CrNiMo，5CrNiTi	淬火	52～56	52～56

表 10-2 其他零件的常用材料及热处理要求

零件名称	选用材料牌号	热处理	硬度（HRC）
上、下模座	HT200，HT250 ZG270—500，ZG310—570 厚钢板刨制的 Q235，Q255	— — —	
模柄	Q255		
导柱	20，T10A	20 钢渗碳淬硬	60～62
导套	20，T10A	20 钢渗碳淬硬	57～60
凸、凹模固定板	Q235，Q255	—	
托料板	Q235	—	
卸料板	Q255	—	
导板	Q255，45	淬硬	43～48
挡料销	45，T7A	淬硬	43～48（45 号钢） 52～56（T7A）
导正销、定位销	T7，T8	淬硬	52～56
垫板	45，T8A	淬硬	43～48（45 号钢） 54～58（T8A）
螺钉	45	头部淬硬	43～48
销钉	45，T7	淬硬	43～48（45 号钢） 52～56（T7A）
推杆、顶杆	45	淬硬	43～48
顶板	45，Q255	—	
拉延模压边圈	T8A	淬硬	54～58
螺母、垫圈	Q235	—	
定距侧刃、废料切刀	T8A	淬硬	58～62
侧刃挡板	T8A	淬硬	54～58
定位板	45，T8	淬硬	43～48（45 号钢） 52～56（T8）
楔块与滑块	T8A，T10A	淬硬	60～62
弹簧	65Mn，60SiMnA	淬硬	40～45

2. 塑料模常用材料及热处理

合理选择塑料成型模具的材料，是塑料成型模具设计和制造的关键问题，它对提高模具寿命，降低成本，提高制品的质量有着重要的意义。因此，对塑料成型模具中各种零件要根据不同的应用条件合理地选择。

（1）成型零件 塑料模具中成型零件是成型塑料制品的主要零部件，它直接影响塑料制品的质量和外观。为此，必须了解各类塑料成型模具的工作条件、失效形式及基本性能要求，并根据不同的使用条件及制造方法，选择合理的模具成型零件的材料。塑料成型零件常用材料见表 10-3。

表 10-3　塑料成型零件常用材料

零件名称	材料牌号	硬度要求（HRC）	说明
型腔 型芯 螺纹型芯 螺纹型环 成型镶件 成型顶杆等	T8A，T10A	54～58	用于形状简单的小型芯或型腔
	CrWMn，9Mn2V，CrMn2SiWMoV		用于形状复杂、要求热处理变形小的型腔、型芯或镶件
	Cr12，Cr4W2MoV	54～58	
	20CrMnMo，20CrMnTi		
	5CrMnMo，40CrMnMo	54～58	用于高耐磨、高强度和高韧性的大型型芯、型腔等
	3Cr2W8V，38CrMoAl	—	用于形状复杂、要求耐蚀的高精度型腔、型芯等
	45	22～26 43～48	用于形状简单、要求不高的型腔、型芯
	20，15	54～58	用于冷压加工的型腔

随着塑料工业的发展，大量的塑料制品需要通过模具注塑或压制成型。对精密塑料模具用钢，我国过去基本上处于空白状态。近年来研制、开发了一些新型钢种。精密塑料模具用钢包括易切削模具钢（即预硬化钢）和时效硬化钢两类。为了避免热处理变形，影响模具型腔精度和表面粗糙度值，我国研制了 8Cr2MnWMoVS 和 4Cr5MoSiVS 等加硫的易切削钢，这些模具钢可淬硬至 43～46HRC，然后直接进行成形加工。此外，研制的 25CrNi3MoA 钢，经调质处理到 30HRC 左右进行加工，再经 520℃ 时效处理 10h，硬度可上升到 40HRC 以上。上述材料的共同特点是加工性能和镜面研磨性能好，对缩短模具的制造周期、提高制品质量有着重要的作用。

另外，型腔模具钢 P20 和 P21 钢，通常供货时其硬度已热处理到 30～36HRC。在这种状态下，可以很容易地进行切削加工，制成大型及复杂的模具。由于这些钢是预先热处理的，加工成形后不需要作高温热处理，故可以避免变形和尺寸的变化，而且抛光性能也很好。因此，这些新型材料被广泛地应用于模具制造中。

（2）其他零件常用材料 塑料模其他零件常用材料见表 10-4。

表 10-4　塑料模其他零件常用材料

零件类型	零件名称	材料牌号	硬度要求
模体零件	垫板（支承板）、浇口板、锥模套	45	43 ~ 48HRC
	动、定模板，动、定模座，脱模板	45	230 ~ 270HBW
	固定板	45	230 ~ 270HBW
		Q235	—
	顶板	T8A，T10A	54 ~ 58HRC
		45	230 ~ 270HBW
浇注系统零件	浇口套、拉料杆、拉料套、分流套	T8A，T10A	50 ~ 55HRC
导向零件	导柱	20	56 ~ 60HRC
	导套	T8A，T10A	50 ~ 55HRC
	限位导柱、顶板导柱、导钉	T8A，T10A	50 ~ 55HRC
抽芯机构零件	斜导柱、滑块、斜滑块	T8A，T10A	54 ~ 58HRC
	锁紧楔	T8A，T10A	54 ~ 58HRC
		45	54 ~ 58HRC
顶出机构零件	顶杆、顶管	T8A，T10A	54 ~ 58HRC
	顶块、顶板、复位杆	45	43 ~ 48HRC
	顶出板、顶出固定板	45，Q235	—

三、模具零件的备料

当模具设计好进行制造时，首先要选择零件的毛坯，我们把从原材料到符合零件加工余量要求的毛坯的工艺过程称备料。

1. 备料的方法及加工余量

（1）气割　模具上一些不重要的垫板、支承板、模座等零件，如果采用 Q235 等低碳钢材料，一般都采用气割的方式，将型材或板材气割成所需尺寸的毛坯，然后，再进行有关的机械加工。值得特别注意的是：碳素工具钢（如 T7、T10A）、合金工具钢（如 Cr12、Cr12MoV）、中碳钢（如 45 钢）不能用气割的方法备料，因它们钢中含碳量较高，金属的燃烧点高于熔点，不能满足气割的基本条件。气割后一般留单边 3 ~ 5mm 机械加工余量。

（2）锻造　对于模具零件备料，有两种情况需要进行锻造备料，一种是当原材料与零件外形尺寸相差较大时，为了得到一定的几何形状、节约原材料和节省加工工时，必须通过锻造中的镦粗或拔长等工序来改变原材料的形状；另一种是对模具主要零件，尤其是要求热处理质量较高、使用寿命较长的零件，必须通过锻造来改造原材料的性能，如通过锻造使材料的组织细密、碳化物分布均匀、纤维分布合理等，从而达到改善热处理性能和提高模具零件的使用寿命的目的。采用锻造备料在锻造模具制造中尤为重要。

锻造一般在专业厂或车间进行，锻造毛坯要留有双边 10mm 左右的加工余量。锻造后毛坯要进行退火或正火处理，以消除锻造内应力，改善切削性能。

（3）锯割　锯割是模具备料常用方法之一，可以分为手工锯割和机械锯割。手工锯割主要用于从直径小的原材料上备料或为较小的零件备料，机械锯割用于从比较大的原材料上备料。机械锯割的锯床可以分为往复式锯床和带锯锯床。往复式锯床与带锯锯床相比，机床便宜，锯片便宜，但效率低，锯缝大。锯割后留单边 1mm 左右的机械加工余量。

（4）铣削　当备料精度要求比较高，或用其他方法不便于切割时，采用此方法。

（5）砂轮切割　当备料精度要求不高时，尺寸比较小时，可以采用砂轮切割机备料，但要防止锯割缝处因发热引起过热碳化。一般留双边 3mm 左右的机械加工余量。

2. 备料的注意事项

在进行备料时应注意以下几点内容：

1）模具零件要尽量选择标准件，如螺钉、销钉。

2）由于同一副模具的材料多种多样，当对整副模具零件同时备料时，应将备好的毛坯在适当处打上编号，作好记录，防止混淆。

3）备料时一定认真核对好原材料的型号与需要是否相符。材料的错误在机加工过程中不易发现，有的甚至在热处理时也不易发现。当模具使用才发现时，会造成前功尽弃。

第二节　冷冲模零件的制造

在冲模的制造过程中，通常按照零件结构和加工工艺过程的相似性，可将各种模具零件大致分为工作型面零件、板类零件、轴类零件、套类零件等。其中工作型面零件是一副模具中最重要的零件，是加工精度最高、加工难度最大、涉及加工技术最多的零件。掌握模具制造技术的关键在于工作零件的制造。由于模具结构复杂，模具材料性能好，难加工，所以模具加工方法既可采用机械切削加工，又可采用电火花加工、电火花线切割加工等特种加工方法。

一、工作零件的加工

冲模工作零件的加工是冲模制造的关键，它决定着模具精度、工艺性能以及模具的寿命。冲模工作零件的加工，主要是指该成形零件的型面加工，它是冲模制造最费工、最费时的加工过程。虽然成形零件的形状是多种多样的，但按其主要特征可划分为两种类型。

一种是具有外工作型面的成形零件，如各种凸模的工作型面。另一种是具有内工作型面的成形零件，主要有各种凹模的工作型面。而对于冲模中最主要的冲裁模、弯曲模、拉深模这三类模具而言。由于各自的工作状态不同，其内、外工作型面的加工也有各自的特点。

1. 冲裁凸、凹模加工的主要技术要求

1）加工后凸、凹模的尺寸和精度必须达到设计要求（刃口部分一般为 IT6～IT9），其间隙要均匀、合理。

2）刃口部分要保持尖锐锋利，刃口侧壁应平直或稍有利于卸料的斜度。

3）凸模的工作部分与安装部分之间应圆滑过渡，过渡圆角半径一般为 3～5 mm。

4）凸、凹模刃口侧壁转角处为尖角时（刃口部位除外），若图样上没有注明，加工时允许按 $R0.3$mm 制造。

5）镶拼式凸、凹模的镶块结合面缝隙不得超过 0.03mm。

6）加工级进模或多凸模单工序模时，凹模型孔与凸模固定板安装孔和卸料板型孔的孔位应保持一致；加工复合模时，凸凹模的外轮廓与内孔的相互位置应符合图样中所规定的要求。

7）凸、凹模的表面粗糙度值应符合图样的要求，一般刃口部位为 $R_a = 1.6～0.4\mu m$，

安装部位和销孔为 $R_a = 1.6 \sim 0.8\mu m$，其余部位为 $R_a = 12.5 \sim 6.3\mu m$。

8）加工后的凸、凹模应有足够的硬度和韧性，对碳素工具钢和合金钢材料，热处理硬度为 $58 \sim 62HRC$。

2. 冲裁凸、凹模的加工方法

根据凸、凹模的结构形状、尺寸精度、间隙大小、加工条件及冲裁性质不同，凸、凹模的加工一般有分别加工和配作加工两种方案，其中配作加工方案根据加工基准不同又分为以凹模为基准的配作加工和以凸模为基准的配作加工两种。各种加工方案的特点和使用范围见表 10-5。

表 10-5 凸模和凹模两种加工方案比较

加工方案		加工特点	适用范围
分别加工	方案一	凸、凹模分别按图样加工至尺寸和精度要求，冲裁间隙是由凸、凹模的实际刃口尺寸之差来保证	1. 凸、凹模刃口形状较简单，刃口直径大于 5mm 的圆形凸、凹模 2. 要求凸模或凹模具有互换性 3. 成批生产 4. 加工手段较先进，分别加工能保证加工精度
配作加工	方案二	以凸模为基准，先加工好凸模，然后按凸模的实际刃口尺寸配作凹模，并保证凸、凹模之间规定的间隙值	1. 凸、凹模刃口形状较复杂，冲裁间隙比较小 2. 冲孔时采用方案二，落料时采用方案三 3. 复合模冲裁时，可先分别加工好冲孔凸模和落料凹模，再配作加工凸凹模，并保证规定的冲裁间隙
	方案三	以凹模为基准，先加工好凹模，然后按凹模的实际刃口尺寸配作凸模，并保证凸、凹模之间规定的间隙值	

上述每一种加工方案在进行具体加工时，由于加工设备和凸、凹模结构形式的不同又有多种加工方法。常用的凸模加工方法见表 10-6。凹模加工方法见表 10-7。

表 10-6 冲裁凸模常用加工方法

凸模形式		常用加工方法	适应场合
圆形凸模		车削加工毛坯，淬火后精磨，最后对工作表面抛光及刃磨	各种圆形凸模
非圆形凸模	阶梯式	方法一：凹模压印锉修法。车、铣或刨削加工毛坯，磨削安装面和基准面，划线铣轮廓，留 0.2~0.3mm 单边余量，用凹模（已加工好）压印后锉修轮廓，淬硬后抛光、磨刃口	无间隙冲模，设备条件较差，无成形加工设备
		方法二：仿形刨削加工。粗铣或刨加工轮廓，留 0.2~0.3mm 单边余量，用凹模（已加工好）压印后仿形精刨，最后淬火、抛光、磨刃口	一般要求的凸模
	直通式	方法一：线切割。粗加工毛坯，磨削安装面和基准面，划线加工安装孔、穿丝孔，淬硬后磨安装面和基准面，线切割成形，抛光，磨刃口	形状较复杂或尺寸较小、精度较高的凸模
		方法二：成形磨削。粗加工毛坯，磨削安装面和基准面，划线加工安装孔，加工轮廓，留 0.2~0.3mm 单边余量，淬硬后磨安装面，再成形磨削轮廓	形状不太复杂、精度较高的凸模或镶块

表 10-7　冲裁凹模常用加工方法

型孔形式	常用加工方法	适应场合
圆形孔	方法一：钻铰法。车削加工毛坯上、下面及外形，钻、铰工作型孔，淬硬后磨削上、下面，研磨、抛光工作型孔	孔径小于 5mm 的圆孔凹模
	方法二：磨削法。车削加工毛坯上、下面及外形，钻、镗工作型孔，划线加工安装孔，淬硬后磨上、下面和工作型孔，抛光	较大孔径的圆孔凹模
圆形孔系	方法一：坐标镗法。粗加工毛坯上、下面和凹模外形，磨上、下面和定位基面，钻、坐标镗削各型孔，加工安装孔，淬火后磨上、下面，研磨、抛光型孔	位置精度要求较高的多圆孔凹模
	方法二：立铣加工法。毛坯粗、精加工与坐标镗方法相同，不同之处为孔系加工用坐标法在立铣机床上加工，后续加工与坐标镗方法也一样	位置精度要求一般的多圆孔凹模
非圆形孔	方法一：锉削法。毛坯粗加工后按样板划轮廓线，切除中心余料后按样板修锉，淬火后磨上、下面，再研磨抛光型孔	工厂设备条件较差、形状较简单的凹模
	方法二：仿形铣法。凹模型孔精加工在仿形铣床或立式铣床上用靠模加工（要求铣刀半径小于型孔圆角半径），钳工锉斜度，淬火后磨上、下面，再研磨抛光型孔	形状不太复杂、精度不太高、过渡圆角较大的凹模
	方法三：压印加工法。毛坯粗加工后，用加工好的凸模或样冲压印后修锉，淬火后再研磨抛光型孔	尺寸不太大、形状不太复杂的凹模
	方法四：线切割法。毛坯外形加工好后，划线加工安装孔和穿丝孔，淬火，磨上、下面和基面，切割型孔，研磨抛光	精度要求较高的各种形状的凹模
	方法五：成形磨削法。毛坯外形加工好后，划线粗加工型孔轮廓，淬火，磨上、下面和基面，成形磨削型孔轮廓，研磨抛光	凹模镶拼件
	方法六：电火花加工法。毛坯外形加工好后，划线加工安装孔和去型孔余量，淬火，磨上、下面和基面，用电极或用凸模电火花加工凹模型孔，研磨抛光	形状复杂、精度高的整体式凹模

3. 凸、凹模加工工艺过程

凸模的加工主要是外形加工，凹模的加工主要是孔或孔系的加工，而外形加工比较简单。凸模和凹模的加工方法除与工厂的设备条件有关外，主要决定于凸模和凹模的形状和结构特点。由于凸模和凹模的加工多属于单件生产，一般工艺都以工序为单位制定的，工艺规程简单明了。加工顺序一般遵循先粗后精，先基准后其他，先面（平面）后孔，先切（切削加工）后特（特种加工），且工序要适当集中的原则。凸、凹模加工的典型工艺过程主要有以下几种形式：

1）下料→锻造→退火毛坯外形加工（包括外形粗加工、精加工、基面磨削）→划线→刃口轮廓粗加工→刃口轮廓精加工→螺孔、销孔加工→淬火与回火→研磨或抛光。此工艺路线钳工工作量大，技术要求高，适用于形状简单、热处理变形小的零件。

2）下料→锻造→退火→毛坯外形加工（包括外形粗加工、精加工，基面磨削）→划线→刃口轮廓粗加工→螺孔、销孔加工→淬火与回火→采用成形磨削进行刃口轮廓精加工→

研磨或抛光。此工艺路线能消除热处理变形对模具精度的影响，使凸、凹模的加工精度容易保证，可用于热处理变形大的零件。

3）下料→锻造→退火→毛坯外形加工→螺孔、销孔、穿丝孔加工→淬火与回火→磨削加工上、下面及基准面→线切割加工→钳工修整。此工艺路线主要用于以线切割加工为主要工艺的凸、凹模加工，尤其适用于形状复杂、热处理变形大的直通式凸模、凹模零件的加工。线切割加工大大方便了凸、凹模的加工，故在模具生产中应用很广。

例 10-1　图 10-1 所示为一冲裁模的凸模，材料为 CrWMn，热处理硬度为 60～64HRC。试确定该凸模的加工工艺过程。

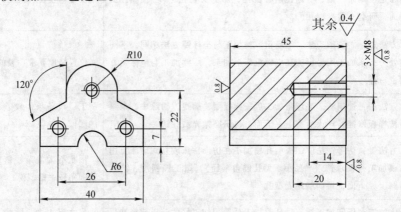

图 10-1　冲裁凸模

冲裁凸模的加工工艺过程见表 10-8。

表 10-8　冲裁凸模的加工工艺过程

序　号	工　序	工　艺　要　求
01	下料	
02	锻造	锻成 60mm×50mm×55mm 的矩形毛坯
03	热处理	退火
04	铣（或刨）	铣（或刨）六面至 55mm×45mm×45.5mm
05	平磨	磨削上、下两面，留单面余量 0.2mm 并磨出相邻两侧面，保证各面相互垂直
06	划线	按图样划线
07	孔加工	钻 3×M8 的螺孔底孔；攻 3×M8 的螺纹孔
08	热处理	淬火、回火至 58～62HRC
09	平磨	磨削上、下两面至尺寸并磨出相邻两侧面
10	线切割	加工出凸模外形并留单面研磨余量 0.005mm
11	精加工	研磨线切割加工面
12	检验	

例 10-2　图 10-2 所示为一冲裁模的凹模，材料为 CrWMn，热处理硬度为 60～64HRC。试确定该凹模的加工工艺过程。

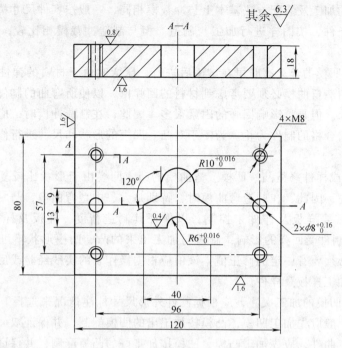

图 10-2　冲裁凹模

冲裁凹模的加工工艺过程见表 10-9。

表 10-9　冲裁凹模的加工工艺过程

序　号	工　序	工 艺 要 求
01	下料	
02	锻造	锻成 126mm × 86mm × 25mm 的矩形毛坯
03	热处理	退火
04	铣（或刨）	铣（或刨）六面，留单面磨削余量 0.5mm
05	平磨	磨削上、下两面及相邻两侧面，留单面磨削余量 0.3mm
06	划线	按图样划线
07	孔加工	钻 $4 \times M8$ 的螺孔底孔 $4 \times \phi6.7$；钻 $2 \times \phi7.9mm$ 的孔；铰 $2 \times \phi8_{0}^{+0.016}$ 的销孔；攻 $4 \times M8$ 的螺纹孔；按图样在 $R10$ 的中心处及 $\phi4mm$ 的圆心处钻穿丝孔
08	热处理	淬火、回火至 60~64HRC
09	平磨	磨削上、下两面及相邻两侧面至尺寸
10	线切割	割出凹模型孔并留单面研磨余量 0.005mm
11	电火花	加工漏料孔
12	钳加工	研磨线切割加工面
13	检验	

4. 弯曲模工作零件的制造

弯曲即是将板料通过冲模在压力机上弯成一定角度或一定形状的一种冲压方法。弯曲属于变形工序，它在冷冲压生产中占有很重要的地位，并得到了广泛的应用。

弯曲模零件的加工及装配方法基本上与冲裁模相同，一般按零件尺寸精度、形状和表面质量要求及设备条件，按图样进行加工与制造。但与制造冲裁模相比较，又有如下制造特点。

1）弯曲凸、凹模的淬火有时可在试模后进行。压弯时由于材料的弹性变形，使弯曲件产生回弹，因此制造弯曲模必须要考虑到材料的回弹值，以使所弯曲的制件能符合图样所规定的各项技术要求。但是，影响回弹的因素很多。因此，在制造冲模时，应对其反复试模与修整，直到压弯出合格的制件为止。为便于对凸、凹模的形状和尺寸进行修整，需要在试模合适后进行淬火。

2）利用样板或样件修整凸、凹模。弯曲模的凸、凹模由于形状比较复杂，几何形状及尺寸精度要求较高，因此，在制造弯曲模时，特别是大、中型弯曲模，凸、凹模工作表面的曲线和折线多数需要样板及样件来控制，以保证其制造精度。样板及样件的准确度应为 ±0.05mm。由于制件受回弹的影响，制造与加工出来的凸、凹模形状不可能与制件最后形状相同，因此，必须要有一定的修正值。该值应根据操作者的实践经验或反复试验而定，并应根据修正值来加工样板及样件。

3）弯曲凸、凹模的加工次序，应根据制件外形尺寸标注情况来选择。对于尺寸标注在外形上的制件，一般应先加工凹模，凸模按加工出的凹模配制，并保证双面间隙值；对于尺寸标注在内形的弯曲件，应先加工凸模，凹模按加工好的凸模配制，并保证双面间隙值。

4）弯曲凸、凹模的圆角半径及间隙各处的均匀性，对弯曲件质量影响很大。因此，加工时应便于试模后修整，在修整角度时不要影响弯曲件的直线尺寸。

5）弯曲凸模的工作部分必须要加工成圆角过渡，否则会使弯曲零件折断或产生划痕。

6）弯曲模中作为退料用的顶出弹簧或中硬橡皮，一定要保证制件的脱模弹力要求。

7）弯曲模工作部分表面质量要求较高，因此在加工或试模时，应将其加工时留下的刀痕去除，在淬火后应进行仔细地精修及抛光。

8）弯曲模的间隙要均匀。圆角应对称，并且要光滑。

弯曲模工作零件加工的关键是如何保证工作型面的尺寸与形状精度及表面粗糙度，其加工工艺过程通常为：坯料锻造→退火→粗加工坯料外形→精加工基准面→划线→工作型面粗加工→螺、销孔或穿丝孔加工→工作型面精加工→淬火与回火→工作型面光整加工。

工作型面的精加工根据生产条件不同，所采用的加工方法也有所不同。如果模具加工设备比较齐全，可采用电火花、线切割、成形磨削等方法，否则，采用普通金属切削机床加工和钳工锉修相配合的加工方案较为合适。

5. 拉深模工作零件的制造

（1）拉深模工作零件的加工特点

1）凸、凹模的断面形状和尺寸精度是选择加工方法的主要依据。对于圆形断面，一般先采用车削加工，经热处理淬硬后再磨削达到图样要求，圆角部分和某些表面还需进行研磨、抛光；对于非圆形断面，一般按划线进行铣削加工，再热处理淬硬后进行研磨或抛光；对于大、中型零件的拉深凸、凹模，必要时先做出样板，然后按样板进行加工。

2）凸、凹模的圆角半径是一个十分重要的参数，凸模圆角半径通常根据拉深件要求决定，可一次加工而成。而凹模圆半径一般与拉深件尺寸没有直接关系，往往要通过试模修正才能达到较佳的数值，因此，凹模圆角的设计值不宜过大，要留有修模时由小变大的余地。

3）因为拉深凸、凹模的工作表面与坯料之间产生一定的相对滑动，因此其表面粗糙度要求比较高，一般凹模工作表面粗糙度 R_a 值应达到 $0.8\mu m$，凹模圆角处 R_a 值应达到 $0.4\mu m$；凸模工作表面粗糙度 R_a 值也应达到 $0.8\mu m$，凸模圆角处 R_a 值可以大一点，但一般也应达到 $1.6 \sim 0.8\mu m$。为此，凸、凹模工作表面一般都要进行研磨、抛光。

4）拉深凸、凹模的工作条件属磨损型，凹模受径向胀力和摩擦力，凸模受轴向压力和摩擦力，所以，凸、凹模材料应具有良好的耐磨性和抗粘附性，热处理后一般凸模应达到 $58 \sim 62HRC$，凹模应达到 $60 \sim 64HRC$。有时还需采用表面化学热处理来提高其抗粘附能力。

5）拉深凸、凹模的淬硬处理有时可在试模后进行。在拉深工作中，特别是复杂零件的拉深，由于材料的回弹或变形不均匀，即使拉深模各个零件按设计图样加工得很精确，装配得也很好，但拉深出来的零件不一定符合要求。因此，装配后的拉深模，有时要进行反复的试冲和修整加工，直到冲出合格件后再对凸、凹模进行淬硬、研磨、抛光。

6）由于拉深过程中，材料厚度变化、回弹及变形不均匀等因素影响，复杂拉深件的坯料形状和尺寸的计算值与实际值之间往往存在误差，需在试模后才能最终确定。所以，模具设计与加工的顺序一般是先拉深模后冲裁模。

（2）凸模的加工工艺过程　拉深凸模的一般加工工艺过程是：下料→锻造→退火→坯料外形加工→划线→型面粗加工、半精加工→孔（通气孔、螺孔、销孔）加工→淬火与回火→型面精加工→研磨或抛光。

（3）凹模的加工工艺过程　拉深凹模的一般加工工艺过程是：下料→锻造→退火→坯料外形加工→划线→型孔粗加工、半精加工→孔（螺孔、销孔或穿丝孔）加工→淬火与回火→型孔精加工→研磨或抛光。

二、卸料板与固定板的加工

1. 固定板的加工

固定板加工的技术要求如下：

1）加工后固定板的形状、尺寸和精度均应符合图样设计要求，非工作部分外缘锐边应倒角成 $C1 \sim C2$。

2）固定板上、下表面应相互平行，其平行度在 $300mm$ 内不大于 $0.02\ mm$；固定板的安装孔轴心线应与支承面垂直，其垂直度在 $100mm$ 内不大于 $0.01\ mm$。

3）固定板安装孔位置与凹模孔位置对应一致；安装孔有台肩时，各孔台肩深度应相同。

4）固定板一般选用 Q255 钢或 45 钢，不需淬硬处理；上、下面及安装孔的表面粗糙度值一般为 $R_a = 1.6 \sim 0.8\mu m$，其余部分为 $R_a = 12.5 \sim 6.3\mu m$。

固定板的加工主要保证安装孔位置尺寸与凹模孔一致，否则不能保证凸、凹间隙均匀一致。当固定板安装孔为圆孔时，可采用钻孔后精镗（坐标镗）或与凹模孔配钻后铰孔等方法；当固定板安装孔为非圆形孔时，其加工方法分如下两种情况。

1）当凸模为直通式结构时，可利用已加工好的凹模或卸料板作导向，采用锉修或压印锉修方法加工，也可采用线切割加工。

2）当凸模为阶梯形结构时，固定板安装孔大于凹模孔，这种情况下主要采用线切割加工。

例 10-3　加工图 10-3 所示的凸模固定板，写出其加工工艺过程。

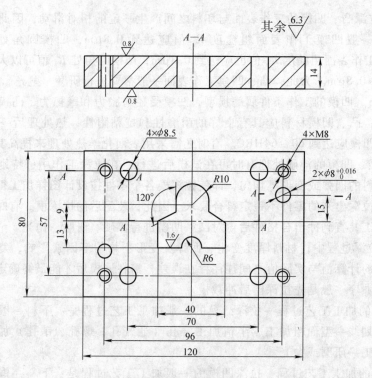

图 10-3　凸模固定板

凸模固定板的加工工艺过程见表 10-10。

表 10-10　凸模固定板的加工工艺过程

序　号	工　序	工　艺　要　求
01	备料	外购或铣床下料出 121mm × 81mm × 15mm
02	平磨	磨六个面至 120mm × 80mm × 14mm 的毛坯
03	划线	按图样划线
04	钻孔	钻 4 × ϕ6.8 的螺纹底孔，4 × ϕ8.5 的螺钉过孔
05	攻螺纹	攻 4 × M8 螺纹
06	线切割	按凸模程序进行补偿加工
07	配钻销孔	在调整好模具间隙后与上模座一起配钻，铰 2 × ϕ8 销孔

2. 卸料板的加工

卸料板加工的技术要求如下：

1）卸料孔与凸模之间的间隙应符合图样设计要求，孔的位置与凹模孔对应一致。

2）卸料板上、下面应保持平行，卸料孔的轴心线也必须与卸料板支承面保持垂直。其平行度和垂直度一般在 300mm 范围内不超过 0.02 mm。

3）卸料板上、下面及卸料孔的表面粗糙度一般为 R_a = 1.6 ~ 0.8 μm，其余部位可为 R_a = 12.5 ~ 6.3 μm。

4）卸料板一般用 Q275 钢或 45 钢制造，一般不需要淬硬处理。

例 10-4　加工图 10-4 所示的弹性卸料板，写出其加工工艺过程。

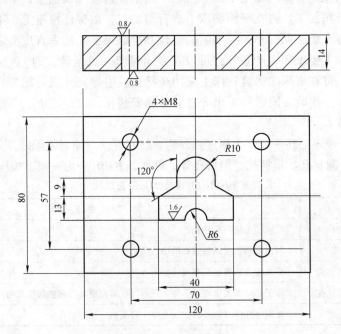

图 10-4　弹性卸料板

弹性卸料板的加工工艺过程见表 10-11。

表 10-11　弹性卸料板的加工工艺过程

序　号	工　序	工艺要求
01	备料	外购或铣床下料出 121mm×81mm×15mm 的毛坯
02	平磨	磨六个面至 120mm×80mm×14mm 的尺寸
03	划线	划四个螺纹孔的线
04	钻孔	钻 4×φ6.8 的螺纹底孔，在型孔 R10 圆心处钻 φ6.8 的穿丝孔
05	攻螺纹	攻 4×M8 的螺纹孔
06	线切割	按凹模程序利用间隙自动补偿法割型孔

三、模座及导向零件的加工

1. 上、下模座的加工

上、下模座属于板类零件，一般都是由平面和孔系组成。模座经机械加工后应满足如下技术要求。

1）模座上、下面平行度在 300 mm 范围内应小于 0.03 mm。模座上的导柱、导套安装孔的轴线必须与模座上、下面垂直，垂直度在 500 mm 范围内应小于 0.01mm。

2）上、下模座的导柱、导套安装孔的位置尺寸（中心距）应保持一致。非工作面的外缘锐边倒角成 C1～C4。

3）模座上、下工作面及导柱、导套安装孔的表面粗糙度 R_a = 1.6～0.8μm，其余部位为 R_a = 12.5～6.3μm。

4）模座的材料一般为铸铁 HT200 或 HT250，也可用 Q230 或 Q255。

模座的加工主要是平面加工和孔系加工。加工过程中为了保证技术要求和加工方便，一般遵循先面后孔的原则，即先加工平面，再以平面定位进行孔系加工。平面的加工一般先在铣床或刨床上进行粗加工。再在平面磨床上进行精加工，以保证模座上、下面的平面度，平行度及表面粗糙度要求，同时作为孔加工的定位基准以保证孔的垂直度要求。导柱、导套安装孔的加工根据加工要求和生产条件，可以在专用镗床（批量较大时）、坐标镗床、双轴镗床上进行加工，也可在铣床或摇臂钻床上采用坐标法或引导元件进行加工。加工时将上、下模座重叠在一起，一次装夹同时加工出导柱和导套安装孔，以保证上、下模座上导柱和导套安装孔间距离一致。

目前，上、下模座毛坯一般作为标准件外购，已与导柱、导套装配好，只需加工与其他零件联接的螺钉孔、漏料孔、模柄孔、销钉孔等。例如，表 10-12 为一般上模座加工工艺过程。

表 10-12　上模座加工工艺过程

序　号	工　序	工 艺 要 求
01	备料	模座的毛坯一般外购
02	划线	划出模柄孔及螺钉过孔的中心线
03	加工模柄孔	车或铣或镗模柄孔至尺寸
04	钻螺钉过孔	除了划线加工出螺钉孔外，还可以在装配模具、调整间隙后与凸模固定一起配钻
05	钻销钉过孔	在调整好模具调整后，与上模一起配钻、铰销钉孔

2. 导柱、导套的加工

（1）导柱的加工　导柱是各类模具中应用最广泛的导向机构零件之一。导柱与导套一起构成导向运动副，应当保证运动平稳、准确。所以，对导柱的各段台阶轴的同轴度、圆柱度专门提出较高的要求，同时，要求导柱的工作部位轴径尺寸满足配合要求，工作表面具有耐磨性。通常，要求导柱外圆柱面硬度达到 58～62HRC，尺寸精度达到 IT6～IT5，表面粗糙度达到 $R_a 0.8～0.4\mu m$。各类模具应用的导柱其结构类型也很多，但主要表面为不同直径的同轴圆柱表面。因此，可根据它们的结构尺寸和材料要求，直接选用适当尺寸的热轧圆钢为毛料。在机械加工的过程中，除保证导柱配合表面的尺寸和形状精度外，还要保证各配合表面之间的同轴度要求。导柱的配合表面是容易磨损的表面，所以，在精加工之前要安排热处理工序，以达到要求的硬度。

加工工艺为粗车（包括粗车外圆柱面、端面，钻两端中心定位孔，车固定台肩至尺寸，外圆柱面留 0.5mm 左右磨削余量）→热处理→修研中心孔→精磨（包括磨削导柱的工作部分，使其表面粗糙度和尺寸精度达到要求）。

例 10-5　图 10-5 所示滑动式标准导柱，写出其加工工艺过程。

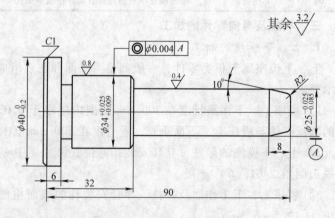

图 10-5　滑动式标准导柱

滑动式标准导柱的加工工艺过程见表 10-13。

表 10-13 标准导柱的加工工艺过程

序 号	工 序	工 艺 要 求
01	下料	切割 $\phi 40mm \times 94mm$ 棒料
02	车端面及中心孔	车端面至长度 92mm，钻中心孔，掉头车端面，长度至 90mm，钻中心孔
03	粗车	车外圆 $\phi 40mm \times 6mm$ 至尺寸要求，粗车外圆 $\phi 25mm \times 58mm$、$\phi 34mm \times 26mm$，留磨量，并倒角，切槽，10°角等
04	热处理	热处理淬火使硬度达到 55～60HRC
05	研中心孔	研中心孔，掉头演另一中心孔
06	磨削	磨 $\phi 34mm$、$\phi 25mm$ 至尺寸要求

对精度要求高的导柱，终加工可以采用研磨工序。在导柱加工过程中，工序的划分及采用的工艺方法和设备，应根据生产类型、零件的形状、尺寸大小、结构工艺及工厂设备状况等条件决定。不同的生产条件下，采用的设备和工序划分也不相同。因此，加工工艺应根据具体条件来选择。

（2）导套的加工　与导柱配合的导套也是模具中应用最广泛的导向零件之一。因其应用不同，其结构、形状也不同，但构成导套的主要是内外圆柱表面，因此，可根据它们的结构、形状、尺寸和材料的要求，直接选用适当尺寸的热轧圆钢为毛坯。

在机械加工过程中，除保证导套配合表面尺寸和形状精度外，还要保证内外圆柱配合面的同轴度要求。导套装配在模板上，以减少导柱和导向孔滑动部分的磨损。因此，导套内圆柱面应当具有很好的耐磨性，根据不同的材料采取淬火或渗碳，以提高表面硬度。内外圆柱面的同轴度及其圆柱度一般不低于 IT6，还要控制工作部位的径向尺寸，硬度 50～55HRC，表面粗糙度 R_a 值为 0.8～0.4μm。

导套的加工工艺一般为粗车（内、外圆柱面留 0.5mm 左右磨削余量）→热处理→磨内圆柱面至尺寸要求→磨外圆柱面至尺寸。

例 10-6　图 10-6 所示为带头导套，写出其加工工艺过程。

带头导套的加工工艺过程见表 10-14。

表 10-14 带头导套的加工工艺过程

序 号	工 序	工 艺 要 求
01	车端面及外圆	车端面见平，钻孔 $\phi 25mm$ 至 $\phi 23mm$，车外圆 $\phi 35mm \times 64mm$，留磨削余量，倒角，切槽；车 $\phi 40mm$ 至尺寸要求；截断，总长至 72mm；调头车端面见平，至长度 70mm，倒角
02	热处理	热处理 50～55HRC
03	磨削	磨内圆柱面至尺寸要求；上芯棒，磨外圆柱面至尺寸要求

导柱的制造过程，在不同的生产条件下，所采用的加工方法和设备不同，制造工艺也不同。对精度要求高的导套，终加工可以采用研磨工序。

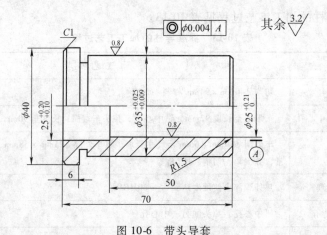

图 10-6　带头导套

第三节　塑料模具零件的制造

塑料模的制造是依据塑料制件要求以及模具设计的思路，制造出能获得合格塑料制件、质量满足客户使用要求的塑料模具。在整个模具制造过程中，同样首先要考虑塑料制件的质量和客户的满意度，要协同产品设计、模具设计，确保塑料模的使用。

一、塑料模成型零件的制造

1. 塑料模成型零件的制造特点与技术要求

（1）塑料模成型零件的制造特点　塑料模具的组成零件种类很多，加工要求也各不相同。通常将模具中直接参与成型塑件内、外表面或结构形状的零件称为成型零件，如注射模具与压缩模具的型腔、型芯、侧向抽芯和成型滑块、成型斜顶杆、螺纹型环和螺纹型芯等，挤出模具的口模、芯棒、定型套等，吹塑模具的型腔及成型型坯的型芯，以及吸塑模具的凸模与凹模等。这些零件都直接与成型制品相接触，它们的加工质量将直接影响到最终制品的尺寸与形状精度和表面质量，因此，成型零件加工是模具制造中最重要的零件加工。

模具成型零件与一般结构零件相比，其主要特点是：

1）成型零件结构形状复杂，尺寸精度要求高。成型零件尺寸精度一般都要求在 IT8 ~ IT9，配合部分精度可达 IT7 ~ IT8，一些精密模具的凹模型腔、型芯尺寸精度甚至可达 IT5 ~ IT6。

2）成型零件大多为三维曲面或不规则的形状结构，零件上细小的深、不通孔及狭缝或窄凸起等结构较多。

3）型腔表面要求光泽、表面粗糙度值小，或要求加工出复杂、微小形状的花纹图案。

4）材料性能要求高，热处理变形小。

零件结构的复杂性与高质量要求，决定了其加工方法的特殊性和使用技术的多样性与先进性，也使其制造过程复杂，加工工序多，工艺路线长。

（2）塑料模具成型零件的加工要求　成型零件是模具结构中的核心功能零件，模具的整体制造精度与使用寿命，以及成型制品的质量都是通过成型零件的加工质量来体现的，因此，成型零件的加工应满足以下要求。

1）形状准确。成型零件的轮廓形状或局部结构，必须与制品的形状完全一致，尤其是具有复杂的三维自由曲面或有形状精度与配合要求的制品，其成型零件的形状加工必须准确，曲面光顺，过渡圆滑，轮廓清晰，并应严格保证形位公差要求。

2）尺寸精度高。成型零件的尺寸是保证制品的结构功能和力学性能的重要前提。成型零件的加工精度低，会直接影响到制品的尺寸精度。一般模具成型零件的制造误差应小于或等于制品尺寸公差的1/3，精密模具成型零件的制造精度还要更高，一般要求达到微米级。此外，还应严格控制零件的加工与热处理变形对尺寸精度的影响。

3）表面粗糙度值小。多数模具型腔表面粗糙度的要求都在 $R_a0.1\mu m$ 左右，有些甚至要求达到镜面，尤其对成型有光学性能要求的制品，其模具成型零件必须严格按程序进行光整加工与精细地研磨、抛光。

要满足成型零件的加工要求，首先必须正确地选择零件材料。材料的加工性能、热处理性能与抛光性能是获得准确的形状、高的加工精度和良好表面质量的前提。

2. 塑料模成型零件的加工工艺过程与选择原则

塑料模成型零件的加工工艺过程和各工序的安排通常根据零件的要求和特点进行选择，塑料模成型零件的常用加工方案见表10-15。

表 10-15 塑料模成型零件的常用加工方案

加工方案	工艺路线	适应场合
方案一	备料→锻造→退火→粗加工→半精加工→淬火与回火→精加工→光整加工→渗氮、镀铬、镀钛等→装配前修正	既要求尺寸精度，又要求钢材全淬硬的加工工艺过程的工序安排
方案二	备料→锻造→退火→粗加工→半精加工→调质→精加工→光整加工→火焰淬火、渗氮、镀铬、镀钛等→装配前修正	有尺寸精度要求，但钢材硬度要求不高的加工工艺过程的工序安排
方案三	备料→锻造→正火→粗加工→退火→半精加工→渗碳→淬火与回火→光整加工→镀铬等表面处理→装配前修正	尺寸精度要求不高，但要求钢材全淬硬的加工工艺过程的工序安排
方案四	备料→锻造→正火或退火→粗加工→半精加工→冷挤压→加工成型→调质→渗碳或碳氮共渗→光整加工→镀铬等表面处理→装配前修正	尺寸精度和钢材硬度要求都不高的加工工艺过程的工序安排

塑料模成型零件是直接与塑料接触或部分接触并决定塑料制件形状和尺寸公差以及表面质量的零件，是塑料模具中的主要零件。为了能顺利地加工出符合图样要求的成型零件，首先必须选择和编制一个合理的加工工艺过程。成型零件的制造加工过程不是惟一的，应根据成型零件的加工质量、加工成本、交货期和本厂的实际情况做出合理的判断。在选择零件加工工艺过程中，加工工艺编制人员首先要分析该加工工艺过程能否确保零件形状、尺寸精度和表面粗糙度值等达到图样上提出的技术要求；其次要核算该零件制造加工的成本。然后还应考虑是否会影响模具制造周期；最后还要对本厂现有的设备和模具零件生产车间的技术水平和能力进行分析估计。只有在全面、综合地对质量、成本、交货期、效率及本厂实际情况进行深入细致的分析后，才能做出合理的加工工艺路线的选择。在成型零件加工过程中，不仅会遇到各机床加工顺序安排的先后问题，还将涉及到热处理后材料产生的变形等问题，所以还必须对每个加工工序的加工方法和工件的装夹以及各工序之间的技术交接问题进行充分

和必要的分析研讨。

3. 注射模成型零件加工要点

注射模具是塑料模具中结构最复杂、制造难度最大、制造周期最长、涉及的加工方法与设备最多、加工精度要求最高的一类模具。注射模具的加工难点主要体现在成型零件的结构复杂、形状不规则。注射模具的成型零件大多为三维曲面，而且尺寸与形状精度要求高，表面粗糙度值要求小，很难用较少的几道工序或简单的加工方法完成，往往需要多道工序反复加工才能达到要求。

（1）凹模加工工艺过程和工序安排　非回转体凹模的一般加工工艺过程见表10-16。

表10-16　非回转体凹模的一般加工工艺过程

序　号	工　序	工序要求
01	毛坯准备	外购或自行生产（采用备料→锻造毛坯→热处理退火工艺路线）
02	粗加工外形	铣削各个面，六面分别按最大外形尺寸单面留0.5～0.8mm的加工余量
03	预先热处理	进行退火以消除粗加工引起的材料内应力
04	粗磨外形	用平磨粗磨出型腔互相垂直的三个基准面及相应的平行面，单面留0.3～0.5mm的加工余量
05	划线	按图样的形状、尺寸，根据设计基准进行型腔形状及孔和螺孔中心的划线工作
06	粗加工型腔	按图样形状铣削加工型腔，单面留0.5～1mm的精加工余量（视型腔形状、复杂程度及大小而定）
07	钳加工	钻螺纹底孔或加热、冷却水孔及攻固定凹模的螺纹等
08	粗加工后的检验	对凹模型腔形状、尺寸和孔与螺孔的位置进行测量检验，以确认留给热处理的变形量和精加工的余量合理
09	热处理	按硬度要求淬火与回火
10	精加工外形	用平磨或成型磨将外形磨至图样要求的形状和尺寸公差，一般外形尺寸尽量加工控制在上限尺寸，适量的公差余量有利于以后的修正与调整
11	中间检验	对精加工后的外形尺寸进行必要的中间测量检验，以确认零件是否符合要求，以便及时做出是否转入后道工序继续加工或返工修正或报废处理的决定
12	精加工型腔	根据型腔要求用电极进行电火花放电成形加工或电火花线切割加工，一般内型面应尽量加工至下限尺寸，适量的公差余量有利于研磨、抛光及以后的修正（若型腔需镀层还应考虑镀层厚度）
13	最终检验	按图样对型腔的形状、尺寸精度及表面质量进行最终测量检验，以便最终判定精加工后的质量，做出是否转入下道工序进行光整加工或返工修正或报废处理的决定
14	光整加工	钳工研磨、抛光型腔，最后研磨抛光时的方向必须与塑料制件脱模方向一致
15	表面处理	若还需要表面处理的，可对型腔进行渗氮、镀铬或镀钛，以提高表面硬度、耐磨性和耐腐蚀性
16	装配前修整	钳工去毛刺、倒角、修整，以转入装配准备阶段

　　凹模的加工工艺过程也适合外形为回转体的凹模，只不过将工序 2、工序 4、工序 10 改为车削或外圆磨削工序而已。工序 5 安排划线是根据零件图的形状、尺寸在已粗磨的表面上划出形状位置，给加工的人员提供一个能目视的参考，避免人为因素造成的加工失误。尤为关键的是型腔的铣削加工和电火花成形加工是塑料模具成形零件必不可少的加工工序，对具有复杂空间曲面型腔的铣削，通常采用数控铣床或加工中心进行加工，电火花成形加工常放在对凹模淬火与回火后进行精加工。所以，这两道加工工序是凹模加工工艺过程中比较关键的工序。

　　（2）型芯的加工工艺过程　型芯的一般加工工艺过程见表 10-17。

表 10-17　型芯的一般加工工艺过程

序　号	工　序	工 序 要 求
01	毛坯准备	外购或自行生产（采用备料→锻造毛坯→热处理退火工艺路线）
02	粗加工外形	铣削各个面，六面分别按最大外形尺寸单面留 0.5~0.8mm 的加工余量
03	预先热处理	进行退火以消除粗加工引起的材料内应力
04	粗磨外形	用平磨粗磨出型芯互相垂直的三个基准面及相应的平行面，单面留 0.3~0.5mm 的加工余量
05	划线	按图样的形状、尺寸，根据设计基准进行型芯形状及孔和螺孔中心的划线工作
06	粗加工外形	按图样形状铣削加工型腔，单面留 0.5~0.8mm 的精加工余量（视型芯形状、复杂程度及大小而定）
07	钳加工	钻螺纹底孔或加热、冷却水孔及攻固定凹模的螺纹等
08	粗加工后的检验	对凹模型芯形状、尺寸和孔与螺孔的位置进行测量检验，以确认留给热处理的变形量和精加工的余量合理
09	热处理	按硬度要求淬火与回火
10	精加工外形	用平磨或成型磨将外形磨至图样要求的形状和尺寸公差，一般外形尺寸尽量加工控制在上限尺寸（若外形面需镀层还应考虑镀层厚度），适量的公差余量有利于以后的修正与调整
11	中间检验	对精加工后的外形尺寸进行必要的中间测量检验，以确认零件是否符合要求，以便及时做出是否转入后道工序继续加工或返工修正或报废处理的决定
12	精加工内腔凹入面	加工型芯不通孔凹入面与通孔，根据内腔凹入面要求用电极进行电火花放电成形加工或电火花线切割加工。一般凹入型面尽量加工至下限尺寸，适量的公差余量有利于研磨、抛光及以后的修正（若内型面需镀层还应考虑镀层的厚度）
13	最终检验	按图样对型芯内腔凹入面的形状、尺寸精度进行最终测量检验，以便最终确认精加工后的质量，做出是否转入下道工序进行光整加工或返工修正或报废处理的决定
14	光整加工	钳工研磨、抛光型芯成型面，最后研磨抛光时的方向必须与塑料制件脱模方向一致
15	表面处理	若还需表面处理的，可对型芯进行渗氮、镀铬或镀钛，以提高表面硬度、耐磨性和耐腐蚀性
16	装配前修正	钳工去毛刺、倒角、修整，以转入装配准备阶段

4. 压缩模具成型零件的加工

压缩模具的成型零件主要是凹模、型芯和镶块。其结构形状较为复杂，加工精度要求高，零件寿命长，表面粗糙度值小。零件加工和热处理变形要小。成型零件工作时，要求安装牢固可靠，不得松动或窜动。结构要便于加工，一般型芯与凹模可采用整体结构或组合结构，整体型芯适用于形状简单的小型件，复杂零件一般应采用整体镶拼或组合结构。成型表面粗糙度 R_a 值为 $0.2 \sim 0.025 \mu m$，配合表面粗糙度 R_a 值为 $1.6 \sim 0.8 \mu m$。

整体的回转体凹模、型芯，常以车、磨削加工方法为主。凸、凹模上的结构形面或局部结构，可采用铣削或电加工成形。非回转体的凸、凹模或镶拼零件，则以铣、磨削和电加工为主，复杂的凸、凹模形面常用数控铣削和多电极电火花成形加工，局部的镶拼件则以铣、磨削或线切割加工完成。对于机械切削加工难以成形的复杂、细小结构，可采用电铸成形的方法实现。机械加工后的成形表面，都需要抛光至 $R_a 0.2 \sim 0.025 \mu m$，电铸成形后的表面一般不需抛光即可使用。

5. 中空吹塑模具成型零件的加工

中空吹塑模具的制造主要是针对型腔零件的加工。型腔形状一般比较复杂，除了整体的曲面形状外，还有某些特殊的局部结构和花纹、图案、螺纹等。型腔表面常用数控铣削、加工中心加工和电火花成形，型腔的局部或特殊表面可用雕刻或化学腐蚀方法加工。要求光泽的型腔表面，需经最终抛光加工。两半型腔的对合面要求平整，对合后在制品表面上不应有明显的合模线。加工时，可采用精磨或研磨来达到。

6. 塑料挤出模具成型零件的加工

管材挤出模具零件大多为回转体结构，其加工则以车削、钻削、镗削和磨削方法为主。局部的特殊结构如窄槽或凸起等，可采用铣削加工或电加工成形。管材挤出模具成型零件主要指芯棒和口模。芯棒和口模分别是成形管材的内表面和外表面的主要成型零件，加工精度要求高，表面要求光滑，不能有死角，截面变化处均应平滑过渡。口模定型段的表面粗糙度值要求一般 R_a 为 $0.32 \sim 0.16 \mu m$。要求较高的透明薄膜制品，其定型段的粗糙度应达到 $R_a 0.32 \sim 0.16 \mu m$。

二、塑料模具其他零件的加工

1. 模板类零件的加工

目前，塑料模具特别是注射模具的设计与制造选用标准模架已经非常普遍，标准模架的模板一般不需要经过热处理，除非用户有特殊要求。模板的加工工序安排要尽量减少模板的变形。加工去除量大的部分是孔加工，因此，把模板上下两面的平磨加工分为两部分。对于外购的标准模架的模板，首先进行划线、钻孔等粗加工，然后时效一段时间，使其应力充分释放；第一次平磨消除变形量，然后进行其他精加工；第二次平磨至尺寸，并可去除加工造成的毛刺和表面划伤等，使模具的外观质量得以保证。两次平磨在有些场合也可以合二为一。

2. 推杆孔的加工

推杆与模板为小间隙配合。推杆一般采用钻削加工后，再进行铰孔，再钻孔时一般留双边 0.2mm 的铰孔余量。需要注意的是，铰孔时一定要从型腔反面开始铰入，使铰孔时因抖动铰成的锥孔小端出现在型腔这一面，不至于漏胶，或在制件上留下很明显的顶杆痕迹。

3. 浇注系统的加工

1）由于主流道是在浇口套内，浇口套一般作为标准件外购。

2）分流道的截面形状有圆形、梯形、U 形，在加工时一般采用先划线，然后在铣床上用指状成形铣刀或圆弧铣刀加工。需要注意的是，在铣靠近浇口部分的分流道，铣削速度应降低，加强冷却，防止浇口部分材料发黑变脆。

3）浇口的基本形式有侧浇口、点浇口、潜伏浇口、直接浇口。侧浇口在分型面上，一般采用铣削而成；点浇口合潜伏浇口的细小孔或锥孔一般为 $\phi1.5mm$ 以下，主要加工方法为钻、铣。其锥孔通过在砂轮机上磨削所需要锥度的铣刀或钻头来保证；直接浇口尺寸较大，一般直接用标准浇口套。

4. 冷却水道的加工

冷却水道属于深长孔，如果采用普通长柄钻来加工时，不能一次进给加工全部孔深，必须分多次来解决排屑、冷却问题；如果采用枪钻加工则可以解决上述问题。当钻头长度不够时，可以采用两侧对加工，然后配作销子堵死一端的方法。如果冷却水道要经过型芯或镶块时，为了防止漏水，应增加橡胶圈，或用铜管接头直接接到型芯。

第四节　模具的装配和调试

模具的装配是指根据模具装配图样和技术要求，将模具的零部件按照一定工艺顺序进行配合、定位、连接与紧固，使之成为符合要求的模具。其装配过程称为模具装配工艺过程。模具装配过程是模具制造工艺过程中的关键工艺过程，包括装配、调整、检验和试模。

模具装配图及验收技术条件是模具装配的依据，构成模具的所有零件，包括标准件、通用件及成形零件等符合技术要求是模具装配的基础。但是，并不是有了合格的零件，就一定能装配出符合设计要求的模具，合理的装配工艺及装配经验也很重要。

一、冲压模具的装配与调试

1. 冲压模具装配的技术要求

1）装配好的冲模，其闭合高度应符合设计要求。

2）模柄（活动模柄除外）装入上模座后，其轴心线对上模座上平面的垂直度误差，在全长范围内不大于 0.05mm。

3）导柱和导套装配后，其轴心线应分别垂直于下模座的底平面和上模座的上平面，其垂直度误差应符合模架分级技术指标的规定。

4）上模座的上平面应和下模座的底平面平行，其平行度误差应符合模架分级技术指标的规定。

5）装入模架的每一对导柱和导套的配合间隙值（或过盈量）应符合导柱、导套配合间隙的规定。

6）装配好的模架，其上模座沿导柱移动应平稳，无阻滞现象。

7）装配后的导柱，其固定端面与下模座下平面应留有 1~2mm 距离。

8）凸模和凹模的配合间隙应符合设计要求，沿整个刃口轮廓应均匀一致。

9）定位装置要保证定位正确可靠，卸料及顶件装置活动灵活、正确，出料孔畅通无阻，保证制件及废料不卡在冲模内。

10）模具应在生产的条件下进行试验，冲出的制件应符合设计要求。

2. 冲裁模装配的特点

在进行装配之前，要仔细研究设计图样，按照模具的结构及技术要求，确定合理的装配顺序及装配方法，选择合理的检测方法及测量工具。冲裁模装配具有以下特点。

（1）需合理地选择装配方法　在零件加工中，若全采用电加工、数控机床等精密设备加工，由于加工出的零件质量及精度都很高，且模架又采用外购的标准模架，则可以采用直接装配法即可。如果所加工的零部件不是专用设备加工，模架又不是标准模架，则只能采用配作法装配。

（2）要合理地选择装配顺序　冲裁模的装配，最主要的是应保证凸、凹模的间隙均匀。为此，在装配前必须合理地考虑上、下模装配顺序，否则在装配后会出现间隙不易调整的麻烦，给装配带来困难。

冲裁模的装配顺序主要与冲模类型、结构、零件制造工艺及装配者的经验和工作习惯有关。冲裁模装配原则是将模具的主要工作零件如凹模、凸模、凸凹模和定位板等选为装配的基准件，一般装配顺序为：选择装配基准件→按基准装配有关零件→控制并调整凸模与凹模之间间隙均匀→再装入其他零件或组件→试模。

基准件原则上按照冲裁模主要零件加工时的依赖关系来确定。凸模常选导板作装配基准件，装配时，将凸模穿过导板后装入凸模固定板，再装入上模座，然后装凹模及下模座。级进模常选凹模作装配基准件，为了便于调整步距准确，应先将拼块凹模装入下模座，再以凹模定位，将凸模装入固定板，然后装上模座。复合模常选凸凹模作装配基准件，一般先装凸凹模部分，再装凹模、顶块以及凸模等零件。

（3）要合理地控制凸、凹模间隙　在模具装配时，保证凸、凹模之间的配合间隙均匀十分重要。凸、凹模的配合间隙是否均匀，不仅影响冲模的使用寿命，而且对于保证冲件质量也十分重要。调整冲裁间隙的方法有很多，常用的方法如下：

1）透光法　所谓透光法是指将已装好的上模部分套在导柱上，用手锤轻轻敲击固定板的侧面，使凸模插入凹模的型孔，再将模具翻转，从下模板的漏料孔观察凸、凹模的配合间隙。用手锤敲击凸模固定板的侧面进行调整使配合间隙均匀。为便于观察可用手灯从侧面进行照射。这种方法简便，但不容易掌握。只有有经验的工人才可用这种方法调整间隙。

2）测量法　这种方法是将凸模插入凹模型孔内，用塞尺检查凸、凹模不同部位的配合间隙，根据检查结果调整凸、凹模之间的相对位置，使两者在各部分的间隙一致。测量法只适用于凸、凹模配合间隙（单边）在 0.02mm 以上的模具。

3）垫片法　这种方法是根据凸、凹模配合间隙的大小在凸、凹模的配合间隙内垫入厚度均匀的纸条或金属垫片，使凸、凹模配合间隙均匀。

4）涂层法　在凸模上涂一层涂料（如磁漆或氨基醇酸绝缘漆灯），其厚度等于凸、凹模的配合间隙（单边），再将凸模插入凹模型孔，获得均匀的冲裁间隙，此法简便，对于不能用垫片法（小间隙）进行调整的冲模很适用。

5）镀铜法　镀铜法和涂层法相似，在凸模的工作端镀一层等于凸、凹模单边配合间隙的铜层代替涂料层，使凸、凹模获得均匀的配合间隙。镀层厚度用电流及电镀时间来控制，厚度均匀，易保证模具冲裁间隙均匀。镀层在模具使用过程中可以自行剥落，而在装配后不必去除。

6）切纸法　切纸法是检查和精确调整间隙的方法。这种方法是在凸模与凹模之间放上一张厚薄均匀的纸，以纸作为毛坯，用铜锤敲击模柄使模具闭合。根据所切的纸片周边是否切断、有无毛边和毛边的均匀程度来判断间隙的大小是否合适、周边间隙是否均匀。纸的厚度根据间隙的大小确定，间隙愈小纸愈薄。一般可用 0.05mm 厚的纸进行试切。

7）工艺装配法　当冲裁厚度超过 1mm 时，冲模间隙可通过工艺余量来保证。当将余量留在凹模时，先将凹模尺寸与凸模尺寸做成一致，找正、装配后取下凹模。找正原孔，再加工到符合间隙要求的凹模尺寸，且保证公差要求，然后再将凹模按原来位置进行装配，即可保证间隙要求。当然，也可以将余量留再凸模。

8）酸腐蚀法　将凸模与凹模制成相同尺寸，在找正、装配后取下凸模，用酸腐蚀法将凸模均匀地腐蚀掉一层，达到间隙要求后将凸模按原来位置进行装配，也可以保证配合间隙。

（4）要进行试冲及调整　冲裁模具的试冲和调整简称为调试。冲裁模具在装配以后，必须在生产条件下进行试冲，并对冲制件进行严格的检查。这是因为冲制件的设计、冲压工艺、冲裁模的设计与制造，任何一个环节存在问题，都将在冲裁模的试冲中反应出来。试冲时可能产生各种缺陷，要仔细分析，找出产生缺陷的原因，对模具进行适当的调整和修理。然后再试冲，直到模具工作情况正常，并得到合格的冲制件时才能交付使用。冲裁模试冲的常见缺陷、产生原因及调整方法见表 10-18。

表 10-18　冲裁模试冲的常见缺陷、产生原因及调整方法

试冲的缺陷	产生原因	调整方法
送料不通畅或料被卡死	1. 两导料板之间的尺寸过小或有斜度 2. 凸模与卸料之间的间隙过大，使搭边翻扭 3. 用侧刃定距的冲裁模导料板的工作面和侧刃不平行形成毛刺，使条料卡死	1. 根据情况修整或重装卸料板 2. 根据情况采取措施减小凸模与卸料板的间隙 3. 重装导料板，修整侧刃挡块消除间隙
卸料不正常退不下料	1. 由于装配不正确，卸料机构不能动作，如卸料板与凸模配合过紧，或因卸料板倾斜而卡紧 2. 弹簧或橡皮的弹力不足 3. 凹模和下模座的漏料孔没有对正，凹模孔有倒锥度，造成工件堵塞，料不能排出 4. 顶出器过短或卸料板行程不够	1. 修整卸料板、顶板等零件 2. 更换弹簧或橡皮 3. 修整漏料孔，修整凹模 4. 顶出器的顶出部分加长或加深卸料螺钉沉孔的深度
凸、凹模的刃口相碰	1. 上模座、下模座、固定板、凹模、垫板等零件安装面不平行 2. 凸、凹模错位 3. 凸模、导柱等零件安装不垂直 4. 导柱与导套配合间隙过大，使导向不准 5. 卸料板的孔位不正确或歪斜，使冲孔凸模位移	1. 修整有关零件，重装上模或下模 2. 重新安装凸、凹模，使之对正 3. 重装凸模或导柱 4. 更换导柱或导套 5. 修理或更换卸料板
凸模折断	1. 冲裁时产生的侧向力未抵消 2. 卸料板倾斜	1. 在模具上设置靠块来抵消侧向力 2. 修整卸料板或使凸模加导向装置

（续）

试冲的缺陷	产生原因	调整方法
凹模被胀裂	凹模孔有倒锥度现象（上口大下口小）	修磨凹模孔，消除倒锥现象
冲裁件的形状和尺寸不正确	凸模与凹模的刃口形状及尺寸不正确	先将凸模和凹模的形状及尺寸修准，然后调整冲模的间隙
落料外形和冲孔位置不正，成偏位现象	1. 挡料钉位置不正 2. 落料凸模上导正钉尺寸过小 3. 导料板和凹模送料中心线不平行，使孔位偏移 4. 侧刃定距不准	1. 修正挡料钉 2. 更换导正钉 3. 修正导料板 4. 修磨或更换侧刃
冲压件不平	1. 落料凹模有上口大、下口小的倒锥，冲件从孔中通过时被压弯 2. 冲模结构不当，落料时没有压料装置 3. 在连续模中，导正钉与预冲孔配合过紧，将工件压出凹陷，或导正钉与挡料销之间的距离过小，导正钉使条料前移，被挡料销挡住	1. 修磨凹模孔，去除倒锥度现象 2. 加压料装置 3. 修小挡料销
冲裁件的毛刺较大	1. 刃口不锋利或淬火硬度低 2. 凸、凹模配合间隙过大或间隙不均匀	1. 修磨工作部分刃口 2. 重新调整凸、凹模间隙，使其均匀

3. 弯曲模装配的特点

弯曲模的作用是使坯料在塑性变形范围内进行弯曲，由弯曲后材料产生的永久变形，获得所要求的形状。一般情况下，弯曲模的导套、导柱的配合要求可略低于冲裁模，但凸模与凹模工作部分的表面粗糙度值（$R_a < 0.63\mu m$）要比冲裁模小，以提高模具寿命和制件的表面质量。在弯曲工艺中，由于材料回弹的影响，常使弯曲件在模具中弯成的形状与取出后的形状不一致，从而影响制件的形状和尺寸要求。影响回弹的因素较多，很难用设计计算来加以消除。因此，在制造模具时，常要按试模时的回弹值修正凸模（或凹模）的形状。为了便于修整，弯曲模的凸模和凹模多在试模合格以后才进行热处理。另外，弯曲属于变形加工，有些弯曲件的毛坯尺寸要经过试验才能最终确定。所以，弯曲模进行试冲的目的除了找出模具的缺陷加以修正和调整外，再一个目的就是为了最后确定制件的毛坯尺寸。由于这一工作涉及材料的变形问题，所以弯曲模的调整工作比一般冲裁模要复杂得多。弯曲模在试冲时常出现得缺陷、产生原因及调整方法见表 10-19。

表 10-19　弯曲模在试冲时常出现得缺陷、产生原因及调整方法

试冲的缺陷	产生原因	调整方法
制件得弯曲角度不够	1. 凸、凹模的弯曲回弹角制造过小 2. 凸模进入凹模的深度太浅 3. 凸、凹模制件的间隙过大 4. 校正弯曲的实际单位校正力太小	1. 修正凸、凹模，使弯曲角度达到要求 2. 加深凹模深度，增大制件的有效变形区域 3. 按实际情况采用措施，减小凸、凹模的配合间隙 4. 增大校正力或修正凸（凹）模形状，使校正力集中在变形部位
制件得弯曲位置不合要求	1. 定位板位置不正确 2. 弯曲件两侧受力不平衡使制件产生滑移 3. 压料力不足	1. 重新装定位板，保证其位置正确 2. 分析制件受力不平衡的原因并加以克服 3. 采取措施增大压料力

试冲的缺陷	产生原因	调整方法
制件尺寸过长或不足	1. 间隙过小，将材料拉长 2. 压料装置的压料力过大使材料伸长 3. 凸、凹模之间的间隙不均匀	1. 增大凹模圆角半径，降低表面粗糙度 2. 合理润滑 3. 修整凸、凹模，使间隙均匀
制件表面擦伤	1. 凹模圆角半径过小，表面粗糙度不合要求 2. 润滑不良使板料粘附在凹模上 3. 凸、凹模之间的间隙不均匀	1. 增大凹模圆角半径，降低表面粗糙度 2. 合理润滑 3. 修整凸、凹模，使间隙均匀
制件弯曲部位产生裂纹	1. 板料的塑性差 2. 弯曲线与板料的纤维方向平行 3. 剪切断面的毛刺在弯曲的外侧	1. 将坯料退火后再弯曲 2. 改变落料排样，使弯曲线与板料纤维方向成一定的角度 3. 使毛刺在弯曲的内侧，亮带在外侧

4. 拉深模装配的特点

拉深工艺是使金属板料（或空心坯料）在模具作用下产生塑性变形，变成开口的空心制件。和冲裁模相比，拉深模具有以下特点：

1）冲裁模凸、凹模的工作端部有锋利的刃口，而拉深模凸、凹模的工作端部则要求有光滑的圆角。

2）通常拉深模工作零件的表面粗糙度值（一般 $R_a = 0.32 \sim 0.04 \mu m$）要求要比冲裁模小。

3）冲裁模所冲出的制件尺寸容易控制，如果模具制造正确，冲出的制件一般是合格的。而拉深模即使组成零件制造很精确，装配得也很好，但由于材料弹性变形的影响，拉深出的制件不一定合格。因此，在模具试冲后常常要对模具进行修整加工。

拉深模试冲的目的主要有两个，一是通过试冲发现模具存在的缺陷，找出原因并进行调整、修正。拉深模在试冲时常出现的缺陷、产生原因及调整方法见表10-20。二是最后确定制件拉深前的毛坯尺寸。为此，应先按原先的工艺设计方案制作一个毛坯进行试冲，并测量出试冲件的尺寸偏差，根据偏差值确定是否对毛坯进行修改。如果试冲件不能满足原来的设计要求，应对毛坯进行适当修改，再进行试冲，直至压出的试件符合要求。

表10-20 拉深模试冲时出现的缺陷、原因及调整方法

试冲的缺陷	产生原因	调整方法
制件拉深高度不够	1. 毛坯尺寸小 2. 拉深间隙过大 3. 凸模圆角半径太小	1. 放大毛坯尺寸 2. 更换凸模与凹模，使间隙适当 3. 加大凸模圆角半径
制件拉深高度太大	1. 毛坯尺寸太大 2. 拉深间隙太小 3. 凸模圆角半径太大	1. 减小毛坯尺寸 2. 整修凸、凹模，加大间隙 3. 减小凸模圆角半径

（续）

试冲的缺陷	产生原因	调整方法
制件壁厚和高度不均	1. 凸模与凹模间隙不均匀 2. 定位板或挡料销位置不正确 3. 凸模不垂直 4. 压料力不均 5. 凹模的几何形状不正确	1. 重装凸模和凹模，使间隙均匀一致 2. 重新修整定位板及挡料销位置，使之正确 3. 修整凸模后重装 4. 调整托杆长度或弹簧位置 5. 重新修整凹模
制件起皱	1. 压边力太小或不均 2. 凸、凹模间隙太大 3. 凹模圆角半径太大 4. 板料太薄或塑性差	1. 增加压边力或调整顶件杆长度、弹簧位置 2. 减小拉深间隙 3. 减小凹模圆角半径 4. 更换材料
制件破裂或有裂纹	1. 压料力太大 2. 压料力不够，起皱引起破裂 3. 毛坯尺寸太大或形状不当 4. 拉深间隙太小 5. 凹模圆角半径太小 6. 凹模圆角表面粗糙 7. 凸模圆角半径太小 8. 冲压工艺不当 9. 凸模与凹模不同心或不垂直 10. 板料质量不好	1. 调整压料力 2. 调整顶杆长度或弹簧长度 3. 调整毛坯形状和尺寸 4. 加大拉深间隙 5. 加大凹模圆角半径 6. 修整凹模圆角，减小表面粗糙度值 7. 加大凸模圆角半径 8. 增加工序或调换工序 9. 重装凸、凹模 10. 更换材料或增加退火工序，改善润滑条件
制件表面拉毛	1. 拉深间隙太小或不均匀 2. 凹模圆角表面粗糙度大 3. 模具或板料不清洁 4. 凹模硬度太低，板料有粘附现象 5. 润滑油质量太差	1. 修整拉深间隙 2. 修光凹模圆角 3. 清洁模具及板料 4. 提高凹模硬度进行镀铬及氮化处理 5. 更换润滑油
制件底面不平	1. 凸模或凹模（顶出器）无出气孔 2. 顶出器在冲压的最终位置时顶力不足 3. 材料本身存在弹性	1. 钻出气孔 2. 调整冲模结构，使冲模达到闭合高度时，顶出器处于刚性接触状态 3. 改变凸模、凹模和压料板形状

二、塑料模的装配与调试

1. 塑料模具装配的技术要求

模具的质量是以模具的工作性能、精度、寿命和成型制品的质量等综合指标来评定的。因此，模具设计的正确性、零件加工的质量和模具的装配精度是保证模具质量的关键。为保证模具及其成型制品的质量，模具装配时应有以下精度要求：

1）模具各零、部件的相互位置精度、同轴度、平行度和垂直度等。

2）活动零件的相对运动精度，如传动精度、直线运动和回转运动精度等。

3）定位精度，如动模与定模对合精度、滑块定位精度、型腔与型芯安装定位精度等。

4）配合精度与接触精度，如配合间隙或过盈量、接触面积大小与接触点的分布情况等。

5）表面质量，即成型零件的表面粗糙度、耐磨耐蚀性等要求。

2. 注射模装配的特点

注射模装配可按以下步骤进行：

（1）研究装配关系　由于塑料制品形状复杂，结构各异，成型工艺要求也不尽相同，模具结构与动作要求及装配精度差别较大。因此，在模具装配前应充分了解模具总结结构类型与特点，仔细分析各组成零件的装配关系、配合精度与结构功能，认真研究模具工作时的动作关系及装配技术要求，从而确定合理的装配方法、装配顺序与装配基准。

注射模具的结构关系复杂，零件数量较多，装配时装配基准的选择对保证模具的装配质量十分重要。装配基准的选择，通常依据加工设备与工艺技术水平的不同而不同。一般情况下，因型腔、型芯是模具的主要成型零件，以型腔、型芯作为装配基准，称为第一基准。模具其他零件的装配位置关系都要依据成型零件来确定。如导柱、导套孔的位置确定，就要按型腔、型芯的位置来找正。为保证动、定模合模定位准确及制品壁厚均匀，可在型腔、型芯的四周间隙塞入厚度均匀的纯铜片，找正后再进行孔的加工。有时也以模具动、定模板两个互相垂直的侧面为基准，称为第二基准。型腔、型芯的安装与调整，导柱、导套孔的位置，以及侧滑块的滑道位置等，均以基准面按坐标尺寸来定位、找正。

（2）零件清理与准备　根据模具装配图上的零件明细表，清点与整理所有零件，清洗加工零件表面污物，去除毛刺，准备标准件。对照零件图检查各主要零件的尺寸合形位精度、配合间隙、表面粗糙度、修整余量、材料与处理，以及有无变形、划伤或裂纹等缺陷。

（3）组件装配　按照装配关系要求，将为实现某项特定功能的相关零件组成部件，为总装配做好准备，如定模或动模的装配、型腔镶块或型芯与模板的装配、推出机构的装配、侧划块组件的装配等。组装后的部件其定位精度、配合间隙、运动关系等均需符合装配技术要求。

（4）总装配　模具总装配时首先要选择好装配的基准，安装好定模、动模的装配顺序。然后将单个零件与已组装的部件或机构等按结构或动作要求，顺序地组合到一起，形成一副完整的模具。这一过程不是简单的零件与部件的有序组合，而是边装配、边检测、边调整、边修研的过程。最终必须保证装配精度，满足各项装配技术要求。注射模的常规装配程序如下：

1）确定装配基准。

2）装配前要对零件进行测量，合格零件必须去磁并将零件擦拭干净。

3）调整各零件组合后的积累尺寸误差，如各模块的平行度要校验修磨，以保证模板组装密合；分型面处吻合面积不得小于80%，间隙不得超过溢料极小值，防止产生飞边。

4）装配时尽量保持原加工尺寸的基准面，以便总装合模调整时检查。

5）组装导向系统，保证开模、合模动作灵活，无松动和卡滞现象。

6）组装修整顶出系统，并调整好复位及顶出位置等。

7）组装修整型芯、镶件，保证配合面间隙达到要求。

8）组装冷却或加热系统，保证管路畅通，不漏水，不漏电，阀门动作灵活。

9）组装液压或气动系统，保证运行正常。

10）紧固所有连接螺钉，装配定位销。

模具装配后，应将模具对合后置于装配平台上，试拉模具各分型面，检查开距及限位机构动作是否准确可靠；推出机构的运动是否平稳，行程是否足够；侧向抽芯机构是否灵活。一切检查无误后，将模具合好，准备试模。

（5）试模与调整　组装后的模具并不一定就是合格的模具，真正合格的模具要通过试模验证，能够生产出合格的制品。这一阶段仍需对模具进行整体或部分的装拆与修磨调整，甚至是补充加工。经试模合格后的模具，还需对各成型零件的成型表面进行最终的精抛光。热塑性塑料注射模试模的常见问题及解决办法见表 10-21。

表 10-21　热塑性塑料注射模试模的常见问题及解决办法

试模中常见问题	解决问题的方法与顺序
主流道粘模	抛光主浇道→喷嘴与模具中心重合→降低模具温度→缩短注射时间→增加冷却时间→检查喷嘴加热圈→抛光模具表面→检查材料是否污染
塑件脱模困难	降低注射压力→缩短注射时间→增加冷却时间→降低模具温度→抛光模具表面→增大脱模斜度→减小回料比例
尺寸稳定性差	改变料筒温度→增加注射时间→增大注射压力→改变螺杆背压→升高模具温度→降低模具温度→调节供料量→减小回料比例
表面波纹	调节供料量→升高模具温度→增加注射量→增加注射时间→增大注射压力→提高物料温度→增大注射速度→增加浇道与浇口的尺寸
塑件翘曲和变形	降低模具温度→降低物料温度→增加冷却时间→降低注射时间→降低注射压力→增加螺杆背压→缩短注射时间
塑件脱皮分层	检查塑料种类和级别→检查材料是否污染→升高模具温度→物料干燥处理→提高物料温度→降低注射速度→缩短浇口长度→减小注射压力→改变浇口位置→采用大孔喷嘴
银丝斑纹	降低物料温度→物料干燥处理→增大注射压力→增大浇口尺寸→检查塑料的种类和级别→检查塑料是否污染
表面光泽差	物料干燥处理→检查材料是否污染→提高物料温度→增大注射压力→升高模具温度→抛光模具表面→增大浇道与浇口的尺寸
凹痕	调节供料量→增大注射压力→增大注射时间→降低料流速度→降低模具温度→增加排气孔→增大浇道与浇口尺寸→缩短浇道长度→改变浇口位置→降低注射压力→增大螺杆背压
气泡	物料干燥处理→降低物料温度→增大注射压力→增加注射时间→升高模具温度→降低注射速度→增大螺杆背压
塑料充填不足	调节供料量→增大注射压力→增加冷却时间→升高模具温度→增加注射速度→增加排气孔→增大浇道与浇口尺寸→增加冷却时间→缩短浇道长度→增加注射时间→检查喷嘴是否堵塞
塑件溢边	降低注射压力→增大锁模力→降低注射速度→降低物料温度→降低模具温度→重新校正分型面→降低螺杆背压→检查塑件投影面积→检查模板平直度→模具分型面是否锁紧
熔接痕	升高模具温度→提高物料温度→增加注射速度→增大注射压力→增加排气孔→增大浇道与浇口尺寸→减少脱模剂用量→减少浇口个数
塑件强度下降	物料干燥处理→降低物料温度→检查材料是否污染→升高模具温度→降低螺杆转速→降低螺杆背压→增加排气孔→改变浇口位置→降低注射速度

（续）

试模中常见问题	解决问题的方法与顺序
裂纹	升高模具温度→缩短冷却时间→提高物料温度→增加注射时间→增大注射压力→降低螺杆背压→嵌件预热→缩短注射时间
黑点及条纹	降低物料温度→喷嘴重新对正→降低螺杆转速→降低螺杆背压→采用大孔喷嘴→增加排气孔→增大浇道与浇口尺寸→降低注射压力→改变浇口位置

3. 其他塑料模具的装配特点

（1）塑料压缩模具的装配要点　塑料压缩模具装配时的主要工作内容是配合零件的间隙调整与固定，如凸模和凹模与模板的固定配合、凸模与加料室的间隙配合、侧向抽芯机构与导向零件的间隙配合等。

装配前应仔细检测凹模型腔的修整余量与斜度，确保成形时凸模压入的间隙，尤其是不溢式和半溢式结构，凸模与加料室的配合部分间隙要保证不产生溢料。由于压缩模具工作时，需对模具分别进行加热和冷却，保证模具配合零件的合理间隙至关重要，绝不允许模具因受热膨胀而使活动零件卡死以致无法运动，或固定零件产生松动而改变位置的现象发生。装配时，应严格按设计给定的配合间隙进行调整。

压缩模上模与下模平面的平行度应小于 0.05mm。模具导向件的装配，应保证与模板的垂直度要求。模具加热系统的装配，要保证达到设计给定的热效率，导热面与绝热面都应调整至良好的工作状态。

（2）挤出模具的装配要点　挤出模具装配时，应对各零件进行认真清除毛刺、检测与清洗工作，同时，应将流道表面涂上一薄层有机硅树脂，以防流道表面划伤。装配过程中流道表面可能相互触及，因此，最好再其中放一张纸或塑料薄模加以保护。装配时，先安装与机筒连接的法兰，然后安装机头体、分流器支架及分流器、芯棒、口模、定型套和紧固压盖等。

装配中对于相互连接的零件结合面或拼合面要保证严密贴合，整个流道的接缝处或截面变化的过渡处，均应平滑光顺地过渡，不得有滞料死角、台肩、错位或泄漏。流道表面需抛光，其粗糙度值不大于 $R_a 0.4\mu m$。芯棒与口模、芯棒与定型套之间的间隙要调整均匀，间隙的测量也应用软的塞规（如黄铜塞规）测量，以防止划伤口模表面。芯棒与分流器及其支架要保持同轴。机头上安装的电加热器与机头体应接触良好，保持传热均匀。对需经常拆卸的零件，其配合部位应保证合理的装配间隙。

模头上联接各零件的螺栓，装配时应涂上高温脂，如钼脂或石墨脂，以保证模头工作过程中不松动和以后拆卸方便。

（3）吹塑模具的装配　通常吹制容器类制品的模具型腔，其底部和口部往往都是采用镶拼式结构。装配时要求各块的结合面应严密贴合，组合的型腔表面应平滑光顺，不应有明显的接缝痕迹，并要求具有很小的表面粗糙度。

整体的型腔沿口不应有塌边或凹坑，合模后型腔沿口周边 10mm 范围内应接触严密，可用红丹检查接触是否均匀。导柱、导套的安装应垂直于两半模的分型面，保证定位与导向精度。装配时应先装对角线上的两个，经合模检验合格后再装其余两个，每装一个都应进行合模检验，确保合模后两半模型腔不产生错位。模具冷却水道的连接件与型腔模板要密封可靠，避免渗漏，水道应畅通无阻。模具的排气孔道不应有杂质、铁屑等堵塞，保持排气通畅。

思考与练习题

10-1 冲裁凸、凹模加工的主要技术要求有哪些？

10-2 试比较说明冲裁凸、凹模的两种加工方法的加工特点和应用范围。

10-3 试写出冲裁凸、凹模加工的典型工艺过程。

10-4 试写出图 10-1 所示凸模和 10-2 所示凹模的加工工艺过程（可有三种加工路线）。

10-5 试写出弯曲模工作零件常用加工工艺路线。

10-6 试写出拉深模工作零件的加工工艺路线。

10-7 冲模模座经机械加工后应满足哪些技术要求？

10-8 导柱的加工有哪些特点？试写出其典型加工路线。

10-9 导套的加工有哪些特点？试写出其典型加工路线。

10-10 塑料模具成形零件的加工要求有哪些？

10-11 试写出塑料模成型零件的常用加工方案。

10-12 试写出非回转体凹模的一般加工工艺过程。

10-13 试写出型芯的一般加工工艺过程。

10-14 调整冲裁间隙的方法有哪些？

10-15 弯曲模装配的特点有哪些？

10-16 拉深模装配的特点有哪些？

10-17 塑料模具装配的技术要求有哪些？

10-18 注射模装配的特点有哪些？

10-19 试写出注射模的常规装配程序。

第十一章　压铸模与其他模具

学习目的：掌握压铸模具的成型特点和典型结构；掌握锻造模具的成型特点和典型模具结构；了解橡胶模具和玻璃模具的成型方法以及典型模具结构。

学习重点：压铸模具和锻造模具的典型模具结构。

第一节　压铸工艺与压铸模结构

一、压铸的生产过程和特点

压铸技术是在普通铸造技术基础上发展起来的一种先进工艺，已有很长的发展历史。压力铸造是将熔融合金的液态金属注入压铸机的压室，通过压射冲头（活塞）的运动，使液态金属在高压作用下高速通过模具浇注系统并充填模具型腔，在压力下金属开始结晶，迅速冷却凝固成铸件的精密铸造方法，简称压铸。和普通铸件相比，压铸件内部组织致密，力学性能优良，尺寸精度高，表面质量好。特别是镶铸法（又称嵌铸法）的应用，既节省了原材料，又减少了加工和装配工时。压铸工艺在机械工业、航天工业、汽车制造业和日用轻工业中，都占有重要地位。

1. 压铸的生产过程

压铸生产过程包括压铸模在压铸机上的安装与调整、对模具必要部位喷涂涂料、模具预热、安放镶嵌件、闭模、将熔融合金舀取倒入压室、压射（高压高速）成型、铸件冷却后脱模和压铸件清理等过程。

2. 压铸特点

压铸生产具有高速、高压、填充时间极短，并在高压状态下凝固成形的特点。因此，压铸工艺具有以下优点：

1）压铸件的尺寸精度高、表面质量好。压铸件的尺寸精度可达 IT11～IT13 级，最高时可达 IT9 级；压铸件的表面粗糙度 R_a 值为 $0.8～3.2\mu m$，甚至可达 $R_a 0.4\mu m$，压铸件互换性好。

2）可以生产出形状复杂、轮廓清晰、深腔薄壁的压铸件。压铸锌合金时最小壁厚达 $0.3mm$，铝合金可达 $0.5mm$，最小铸出孔径为 $0.7mm$。同时，可以铸出清晰的文字和图案。

3）压铸件组织致密，具有较高的强度和硬度。由于熔融合金充填时间短，在压铸模内冷却迅速，同时又在高压下凝固结晶。因此，在压铸件上靠近表面的一层金属晶粒较细、组织致密，使得压铸件具有较高的强度、硬度和良好的耐磨性。

4）材料利用率高。压铸件可以不经过或只需少量的机械加工就可直接使用。材料利用率可达 60%～80%，毛坯利用率在 90% 以上。

5）生产效率高，易实现机械化和自动化生产。冷室压铸机平均每小时可压铸 80～100 次，热室压铸机平均每小时可压铸 400～1000 次，适合于大批量生产。

6）经济效益好。由于压铸件尺寸精确，表面质量好，加工余量小或不经机械加工即可进行装配，减少了机械加工设备和加工工时，压铸件价格便宜，可获得较好的经济效益。

同样，压铸生产也存在以下缺点：

1）压铸件易出现气孔和缩松。由于熔融合金充填时间短,冷却速度快,模具型腔中的空气来不及排出;同时补缩困难,易形成细小的气孔和多孔性缩松。有气孔的压铸件不能进行热处理。

2）不适合小批量生产。由于压铸模结构复杂,设计与制造成本高,周期长,以及压铸机的费用较昂贵,因此,只适用于定型产品的大量生产。

3）模具的寿命低。高熔点合金压铸时,模具的寿命较低,影响了压铸生产的扩大应用。但随着新型模具材料的不断涌现,模具的寿命也有很大的提高。

4）受压铸件结构和合金种类所限。压铸某些内凹件、高熔点合金铸件比较困难,目前主要压铸锌合金、铝合金、镁合金及铜合金,黑色合金铸件生产尚不普遍。

二、压铸合金

1. 对压铸合金的基本要求

为了满足压铸件的使用要求,保证压铸件质量,对压铸合金提出如下要求:

1）密度小,导电和导热性好。

2）强度和硬度高,塑性好。

3）性能稳定,耐磨和抗腐蚀性好。

4）熔点低,不易吸气和氧化。

5）收缩率小,产生热裂、冷裂和变形的倾向小。

6）流动性好,结晶温度范围小,产生气孔缩松的倾向小。

2. 压铸合金的种类

压铸合金可分为铸造合金和非铁合金两大类。

主要铁合金又分为铸铁和铸钢两类。铸铁类如灰铸铁、可锻铸铁和球墨铸铁等;铸钢类如碳钢、不锈钢和各种合金钢等。由于上述合金熔点高、易氧化和开裂,且模具寿命低,因此,铁合金铸件的压铸生产还不普遍。

铸造非铁合金又分为低熔点合金和高熔点合金。锌合金、铅合金、锡合金属于低熔点合金;铝合金、镁合金、铜合金属于高熔点合金。非铁合金压铸件中比例最大的是铝合金,其次为锌合金、铜合金和镁合金。

三、压铸模的分类和基本组成

1. 压铸模的分类

压铸模的分类方法很多,按压铸机的不同可分为:热压室压铸机用压铸模、立式压铸机（冷压式）用压铸模、卧式冷压室压铸机用压铸模和全立式压铸机用压铸模;按型腔数量分可分为:单型腔和多型腔压铸模;按压铸材料分可分为:铁合金压铸模和非铁合金压铸模。通常是以模具总体结构上的某一特征进行分类,可分为:单分型面和多分型面压铸模、侧向分型抽芯压铸模、螺纹旋出机构压铸模、两次推出机构压铸模等。

2. 压铸模的基本组成

压铸模由定模和动模两个主要部分组成。定模固定在压铸机固定板上,与压铸机压室连接,浇注系统与压室相通。动模则安装在压铸机的活动模板上,并随活动模板移动,而实现开模与合模动作。压铸模的基本结构如图 11-1 所示。

为了学习方便,我们通常把压铸模零件分为以下几类。

（1）成型零件 成型零件是决定压铸件几何形状和尺寸精度的零件。成型压铸件外表面的称为型腔,成型压铸件内表面的称为型芯。例如,图 11-1 中的定模镶块 13、动模镶块

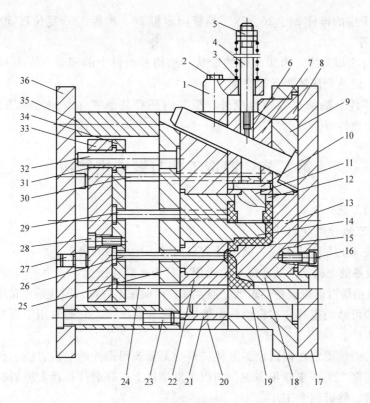

图 11-1 压铸模的基本结构图

1—限位块　2、16、23、28—螺钉　3—弹簧　4—螺栓　5—螺母　6—斜销　7—滑块
8—楔紧块　9—定模套板　10—销钉　11—侧型芯　12、15—动模镶块　13—定模镶块
14—型芯　17—定模座板　18—浇口套　19—导柱　20—动模套板　21—导套
2—浇道镶块　24、26、29—推杆　25—支承板　27—限位钉　30—复位杆　31—推板导套
32—推板导柱　33—推板　34—推杆固定板　35—垫块　36—动模座板

12、15、型芯 14 和滑块 7 上的侧型芯 11 等都是成型零件。

（2）结构零件　结构零件包括支承固定零件与导向合模零件。支承固定零件是将模具各部分按一定的技术要求进行组合和固定，并使模具能够安装到压铸机上，如图 11-1 中的顶模座板 17、动模座板 36、定模套板 20、支承板 25 和垫块 35 等。导向合模零件是保证压铸模动模与定模合模时正确定位和导向的零件，如图 11-1 中的导柱 19、导套 21。

（3）浇注系统　浇注系统是引导熔融合金从压铸机的压室流到模具型腔的通道。它由直浇道、横浇道、内浇口和分流锥等组成，如图 11-1 中的浇口套 18、浇道镶块 22 等。

（4）排溢系统　排溢系统一般包括排气槽和溢流槽，根据熔融合金在模具内熔融合金的充填情况而开设。排气槽是排除压室、浇道和型腔中的气体通道，而溢流槽室储存冷合金和涂料余烬的地方，一般开设在成型零件上。

（5）压铸件的侧面有凸台或孔穴时，需要用侧向型芯来成型。在铸件脱模之前，必须先将侧向型芯从压铸件中抽出，这个使侧向型芯移动的机构称为侧向抽芯机构。侧向抽芯机构的形式很多。图 11-1 所示的模具为斜销抽芯机构，由斜销 6、滑块 7、楔紧块 8、限位块 1、弹簧 3、螺栓 4 等组成。开模时，由斜销 6 带动滑块中的侧向型芯移动完成侧抽芯。

（6）推出与复位机构　推出机构是将压铸件从模具的成型零件上脱出的机构；复位机构是指在模具合模时，将推出机构回复到原始位置的机构。它包括推出、复位、限位及导向零件，如图 11-1 中的推杆 24、26、29、推杆固定板 24、推板 33、复位杆 30、推板导柱 32 和推板导套 31 等。

（7）加热与冷却系统 因压铸件的形状、结构和质量上的需要，在模具上常需设置冷却和加热装置，以达到压铸模的热平衡。

（8）其他零件 除前述结构组成外，模具内还有其他零件，如紧固用的螺钉、销钉，以及定位用的定位件等。

第二节 锻造工艺与锻造模结构

一、锻造的工艺

1. 锻造工艺的种类和特点

锻造工艺按加工方法的不同，又可分为自由锻、胎模锻和模锻。

利用锻造设备的上砧、下砧和简单的通用工具使坯料在压力下产生塑料变形的锻造方法，称为自由锻。自由锻对锻造设备要求低，通常在自由锻锤上进行，因此锻件精度低。

利用简单的可移动模具，在自由锻上锻造，称为胎模锻。它通常用于批量不大、精度要求不高的锻件生产。

利用专门的锻模固定在模锻设备上使坯料变形而获得锻件的锻造方法，称为模锻。生产中模锻往往又要多个工步来逐步实现，如汽车发动机上连杆锻件在锤上模锻时，就要经过拔长、滚压、预锻、终锻四个工步。

2. 锻造工序和工步的内容

一般情况下锻件生产流程为：备料—加热—锻造工序—后续工序。

目前生产中所用锻造工序和工步名称很多。除按加工方法不同区分外，还可以按成形特点命名，如镦粗、拔长、弯曲等。表 11-1 只列举其中常见的一部分。

表 11-1 常用锻造及工步举例

分类	序号	名 称	加工示意图	成形特点说明
自由锻工序	1	镦粗工序	锤头 坯料 下砧	把坯料沿轴向压缩，使坯料横截面增大，轴向高度减小
	2	拔长工序	锤头 坯料 下砧	使坯料在送进过程中横截面减小，沿轴向长度增加
	3	冲孔工序	锤头 冲头 坯料 下砧	在轴向高度不大的盘形坯料上冲出大于 $\phi25mm$ 的孔

（续）

分类	序号	名称	加工示意图	成形特点说明
自由锻工序	4	弯曲工序	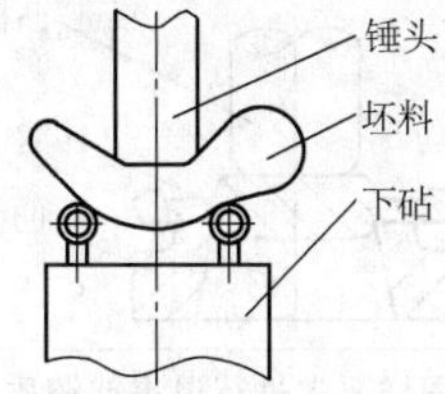 锤头 坯料 下砧	将坯料中心轴线压弯成所需的角度和形状
模锻工序	1	拔长制坯工步	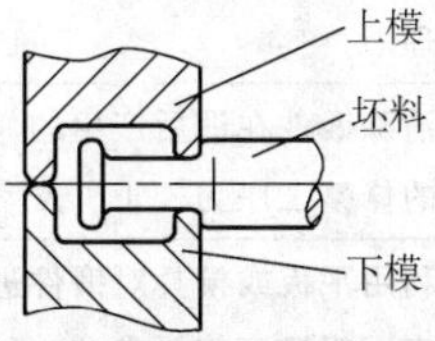 上模 坯料 下模	利用锻模模膛，同时操作坯料，一面翻转，一面送进，使坯料长度增加，截面积减小。一般要多次连续锻打才能完成。有除去氧化皮功能
	2	压扁（镦粗）制坯工步	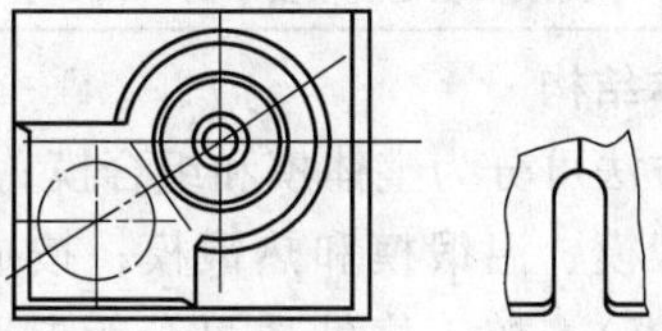	利用锻模上压扁平台或镦粗台，在锻造力作用下，使坯料截面增大高度减小。锻造力与坯料轴线垂直的，称压扁制坯工步；锻造力与坯料轴线一致的，称镦粗制坯工步
	3	滚压制坯工步	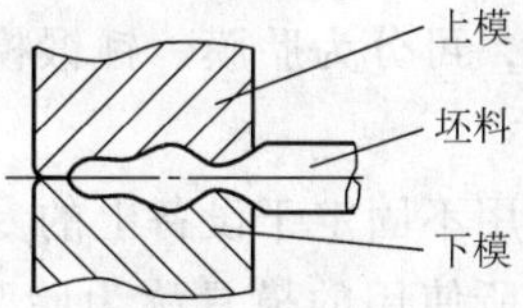 上模 坯料 下模	利用锻模模膛，同时操作坯料不断翻转，在多次连续锻打下，使坯料一处截面积增大，另一处截面积减小，起聚料作用，同时有滚光和去除氧化皮功能
	4	卡压制坯工步	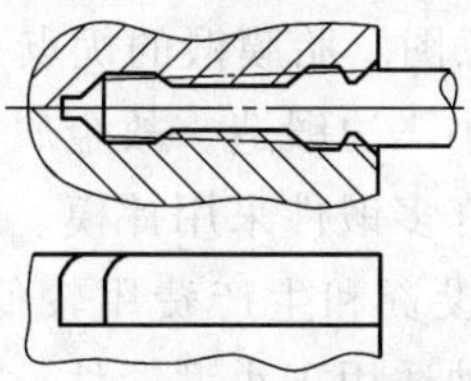	又称压肩制坯工步。坯料在锻模模膛中只受锻压力一次作用，使高度减小宽度增加，有少量聚料作用
	5	弯曲工步	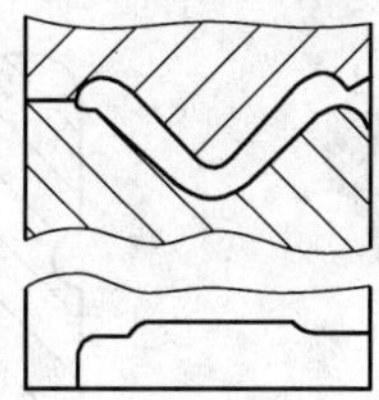	利用模具使坯料轴线弯曲成形
	6	挤压工步	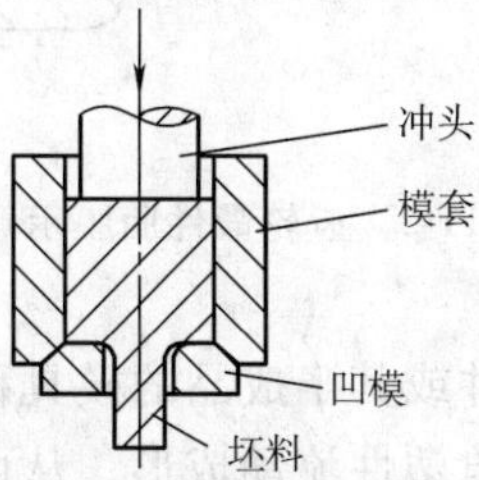 冲头 模套 凹模 坯料	坯料放在锻模内，在冲头压力下挤压成形。又分正挤压、反挤压、复合挤压、径向挤压等。图示为正挤
	7	预锻工步	使制坯后的中间坯料进一步变形，使它更接近锻件形状，以改善坯料在终锻时流动条件，避免产生充填不满和折叠，并提高终锻模膛的寿命	
	8	终锻工步	使坯料在终锻模膛中最终成形，生产出符合锻件图要求的锻件	

（续）

分类	序号	名称	加工示意图	成形特点说明
	1	切边（冲孔）工序	凸模 锻件 凹模	利用切边或冲孔模在压力机上切除飞边或冲孔连皮，使锻件符合锻件图的要求
	2	热处理工序		按图样要求进行退火或调质等热处理，有要求的还要进行喷丸、酸洗等表面处理
	3	校正工序		为消除锻件在锻后产生的弯曲、扭转等变形，使之符合锻件图技术要求而进行的修整工序为校正
	4	精压工序		是利用平板或模具对锻件进行少量压缩以达到高的精度（形状和尺寸）和小的表面粗糙度值要求的一种工序

二、锻模的分类及锻模基本结构

锻模的种类很多，按制造方法可分为整体模和组合模；按模腔数量可分为单模腔模和多模腔模；按锻造温度可分为冷锻模、温锻模和热锻模；按成形原理可分开式锻模（有飞边锻模）和闭式锻模（无飞边锻模）；按工序性质可分为制坯模、预锻模、终锻模、弯曲模等。通常锻模是按锻造设备来分类，可分为胎膜、锤锻模、机锻模、平锻模、辊锻模等。

1. 胎膜

胎膜锻是在自由锻设备上，利用不固定于设备上的专用胎膜，进行模锻件生产的一种工艺。在自由锻设备上锻造模锻件时所使用的模具称为胎膜（俗称跳模）。图 11-2a 是齿轮锻件，图 11-2b 是该齿轮锻件胎膜示意图。胎膜锻的优点是工艺灵活多样，几乎可锻出所有类别的锻件；工艺上多采用无飞边或小飞边锻造，故金属材料消耗较少；模具结构简单，质量小，制造较简便，故模具费用低；许多锻件采用摔模、垫模、套模成形或精确制坯、局部焖形等工艺，所需设备能量小；设备投资和生产费用较低。其缺点是较锤上模锻的成形能力低；锻件精度强度大。胎膜锻是一种适用于小型锻件、中小批量生产的锻造方法。

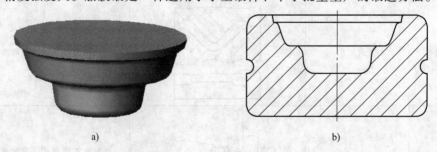

a)　　　　　　　　　　　　　　b)

图 11-2　齿轮锻件胎膜示意图

2. 锤锻模

在模锻锤上使坯料成形为模锻件或其半成品的模具称锤锻模。锤锻的特点是在锻压设备动力作用下，毛坯在锻模模腔中被迫塑性流动成形，从而获得比自由锻质量更高的锻件。

图 11-3 是整体式多模腔锤锻模示意图。它由上下两个模块组成。上下模的分界面称为分模面，它可以是平面，也可以是曲面。复杂的锻件可以有两个以上的分模面。为了使被锻金属获得一定的形状和尺寸，在模块上加工出的成形凹槽称为模腔，是锻模工作部分。图

11-3 所示锤锻模有拔长、弯曲、预锻和终锻模膛，使坯料逐步成形。为了便于夹持坯料，取出锻件，在模膛出口处设置的凹腔称为钳口，如图 11-3 中序号 2、4 所示。钳口与模膛间的沟槽称为浇口，如图 11-3 中序号 12。浇口不仅增加了锻件与钳夹头连接的刚度有利于锻件出模，还可以用作浇注铅样或金属盐样的注入口，以便复制模膛，用作检验。为防止锻锤打击时产生上下模错移，在模块上加工出凸凹相配的凸台和凹槽称锁扣，如图 11-3 中序号 7。锤模上用楔铁与锤头、砧座相连接部分称燕尾，如图 11-3 中序号 9。在燕尾中部加工出凹槽（图 11-3 中序号 10）和锤头、砧座或垫板上相应凹槽相配，称为键槽，用以安放定位键，保证上下模块定位。在锻模上加工出相互垂直的两个侧面称为检验角（图 11-3 中序号 11），检验角是模膛加工的划线基准，也是上下模对模的基准。

3. 机锻模

在机械压力机（如热模锻曲柄压力机）上使坯料成形为模锻件或其半成品的模具称为机械压力机锻模，简称机锻模。锻压机上模锻与锤上模锻相比，具有劳动条件好、便于实现机械化和自动化、锻件尺寸精度和生产率均较高等优点。其缺点是设备结构复杂，成本高；不便进行拔长、滚压等制坯工步，对于截面变化较大的锻件，需配备其他设备进行制坯。

图 11-4 是机锻模示意图，由上下模座和导柱、导套组成模架。上模座可安装推出机构。用六个锻模镶块构成的模膛如图 11-4 所示（图中 1、2），锻模镶块圆柱面上开有圆柱形凹槽，压板 4、螺钉 3 和后挡板 9 紧固在模座上，用定位键 6 定位。这种形式的锻模又称组合式机锻模。

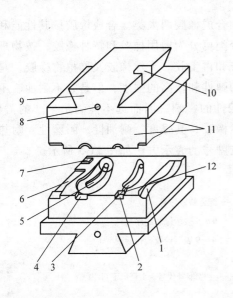

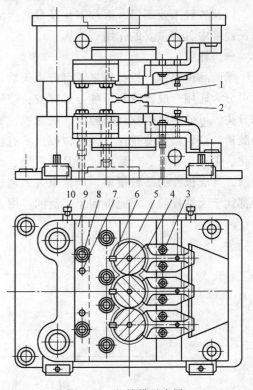

图 11-3　锤锻模示意图

1—弯曲模膛　2—预锻模膛钳口　3—预锻模膛
4—终锻模膛钳口　5—终锻模膛　6—拔长模膛
7—锁扣　8—起吊孔　9—燕尾
10—键槽　11—检验角　12—浇口

图 11-4　机锻模示意图

1—上模模膛镶块　2—上模模膛镶块　3、8、10—螺钉
4—压板　5—上模座　6—定位键
7—销钉　9—后挡板

4. 平锻模

在水平锻造机上使坯料成形为模锻件或其半成品的模具称平锻模。平锻机的模锻的工作特点是有两个分模面；主滑块在水平方向运动；有坯料夹持定位装置（坯料夹持滑块在垂直方向运动）。平锻机的特征工序是局部镦粗，又称聚集。其他工序还有冲孔、穿孔、卡细、扩径、切断、弯曲、挤压、成形等。将上述工序按照一定顺序加以不同的组合，就能制出各种形状的锻件。缺点是平锻机造价昂贵，设备投资高；平锻时坯料表面氧化皮不能自动脱落，平锻前须清除氧化皮；对非回转体、中心不对称的锻件，较难锻造，适应性较差。

5. 辊锻模

在辊锻机上将坯料纵轧成形的扇形模具称为辊锻模。辊锻工艺的特点是生产率比锤上模锻高 5～10 倍；比锤上模锻节约金属材料（6～10）％；劳动条件好，易实现机械化、自动化；设备结构简单，变形过程中振动冲击小；模具受力较小，制造成本较低。

第三节 橡 胶 模

由于橡胶具有独特的高弹性、优异的抗疲劳强度、极好的电绝缘性、良好的耐磨损性和耐热性，具有良好的防震性、不透水性和化学稳定性等性能，因此，橡胶制品在航空、航天、航海、汽车工业、军工、机械制造、仪器仪表制造、化工、矿山、交通运输等工业部门中，以及各轻工业部门、医疗卫生及日常生活等各方面，都得到了广泛的应用。橡胶工业在国民经济中具有重要的作用。

一、橡胶

橡胶品种很多，按材料来源可分为天然橡胶和合成橡胶两大类。合成橡胶按其性能和用途可分为通用合成橡胶和特种合成橡胶；按用途分类可分为通用橡胶和特种橡胶；按物理状态分类，可分为生橡胶、熟橡胶、硬橡胶、混炼胶和再生胶。天然橡胶又称植物橡胶，是由橡胶树的胶乳制得的胶片。天然橡胶虽具有很高的弹性和较高的强度，但是它不耐油、不耐老化、生产周期长、产量低，而且受气候、地理条件的影响，因而远不能满足生产的需要。目前，合成橡胶的品种很多，产量也大大超过天然橡胶，其强度、耐油性、耐磨性、耐热性等都优于天然橡胶，因此得到了广泛的应用。橡胶牌号的表示方法如图 11-5 所示。

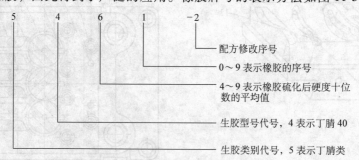

图 11-5 橡胶牌号的表示方法

二、橡胶模分类及基本结构

橡胶模具是制作橡胶模制品的重要工艺装备。橡胶模具的结构、精度、型腔的表面粗糙度值及使用寿命等因素，直接影响到橡胶模制品的质量、劳动强度、生产效率和模具寿命等。所以在设计模具时，首先要对制品的结构特点进行认真的分析、研究，选择合理的模具结构，满足制品的设计要求和模具的使用要求，使模具的使用寿命达到最为理想的程度，收到最大的技术效果和经济效益。

1. 橡胶模的分类

根据橡胶模制品的类型、模具的使用条件和操作方法的不同，橡胶模主要可分为填压模、压注模和注射模。

（1）填压模　将定量胶料或预成形半成品直接填入模具型腔中，然后合模，通过电热式（或蒸汽加热式）平板硫化机进行加压、加热、硫化等工艺流程而得到橡胶模制品的模具，称填压式压胶模，简称填压模。

（2）压注模　压注模又称挤胶模。将混炼过的胶料或半成品装入模具料室中，通过压机（或硫化机）将胶料由模具的浇注系统挤入模具的型腔内，进行硫化成形。挤胶模成形的制品质量高，易于成形复杂或带金属嵌件的大型橡胶模制品，且致密性好。但模具制造困难，造价较高。

（3）注射模　橡胶注射模与塑料注射模在结构方面基本上是相同的。这种模具是利用专用注胶设备（如螺旋注射机、螺杆柱塞式注射机和旋转注压机等），将预热塑化状态的胶料强行挤压射入模具的型腔，然后硫化、起模得到制品的。注射模成形的橡胶模制品质量好，生产率高。但模具的结构复杂，制造困难，适用于大批量生产。

2. 橡胶模具基本结构

（1）填压模基本结构及特点　根据型腔的闭合形式，填压模可分为开放式、封闭式和半封闭式三种结构。

开放式填压模模具的结构特点是上、下模板之间没有直接的定位零件，如果需要定位，则通过定位销等定位机构来实现其相互位置的定位。开放式填压模如图11-6 所示，在整个闭模过程中型腔一直是

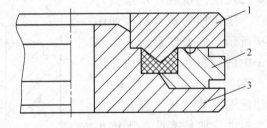

图 11-6　开放式填压模
1—上模　2—中模　3—下模

敞开的，只是在完全闭合时上模与下模的端面才接触闭合。可见，这种模具易于排除型腔内的气体，但它的胶料流失较大，且产生水平方向的飞边。又由于压制时胶料所受的压力较小，所以制件的致密性差，物理力学性能也差。但它结构简单，制造方便，造价低，多用于形状简单的制件。

封闭式填压模模具的结构特点是上、下模板在型腔的延长部位直接进行导向和定位。封闭式填压模如图 11-7 所示。在上模有一凸起部分伸入型腔的延续部分。当上模凸起部分与型腔延续部分的上端接触后，模具型腔就处于封闭状态。可见压力机的压力几乎全部作用在胶料上，压力较大。这样，制件致密性好，物理力学性能高。尤其对复杂形状的制件可防止由于

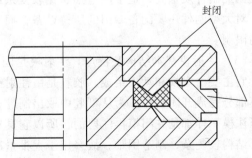

图 11-7　封闭式填压模

局部欠压而引起的缺胶现象。此外，胶料流失较少，一般不大于 2%，很适于夹布制件的制造，但因胶料不易排出，所以必须严格控制加料量，误差不能大。此外，这种模具在设计和制造上都比较复杂，对一模多腔的模具加工较难，故多用在单型腔的模具上。在使用时，模具开启困难，上下模配合部分易磨损，硫化时由于胶料的胀力大，模具易变形甚至胀裂。但这种模具能很好地保证制件质量和节省原材料，因此应用广泛。

　　半封闭式填压模兼有了开放式填压模和封闭式填压模的优点，如图 11-8 所示。这种结构的填压模排气性能较好，制品的致密度也较高，胶料流失小，利用率高。这类模具亦适合于夹织物橡胶物品的模压生产。

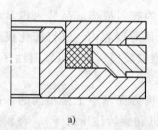
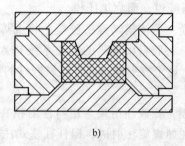

a)　　　　　　　　　　　　　b)

图 11-8　半封闭式填压模

a）矩形圈半封闭式压模　b）带承压带压模

　　（2）压注模的基本结构与特点　压注模的基本结构如图 11-9 所示。成型制品时，加料室 3 中的胶料在压柱 4 的作用下，经浇注道 2 压入型腔 1 中，在普通平板硫化机上硫化。对大型制件，加料室设在压铸机上，胶料注满型腔后，模具移入硫化设备进行硫化。可见，挤胶模的特点是模型闭合后再注入胶料，而且胶料在压力作用下经浇注道后较均匀，胶边

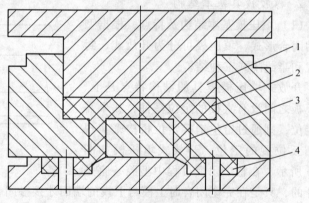

图 11-9　压注模结构示意图

1—型腔　2—浇压注道　3—加料室　4—压柱

少，因此制件质量高，适于制造形状比较复杂或含有金属骨架的大型制件。但挤胶模制造困难，对大型制件还要配备专门的压铸设备，而且操作时劳动强度较大，所以在使用上受到一定的限制。

　　（3）注射模基本结构及特点　注射模是固定在注射机上的专用生产模具，如图 11-10 所示。它主要由定模和动模组成。胶料是由注射机的喷嘴经定模部分的浇注系统进入型腔的，动模部分完成开闭动作。为从型腔中取出制件，在动模板上大都设有自动推出装置。注射模与压注模一样都是先闭模再注射的，所以它具有胶边少、质量高、自动化程度高的特点，但模具结构较复杂，制造困难，故多用于大批量制件的生产中。

　　选择橡胶模的材料要保证有足够的强度和良好的加工性能。通常用的材料是 45 钢。镶

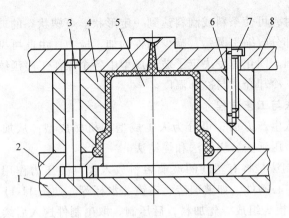

图 11-10　注射模结构示意图
1—垫板　2—型芯固定板　3—导柱
4—中模　5—型芯　6—圆柱销　7—螺钉　8—定模

块和小型芯可用 T8A、T10A 或 65Mn 等。

第四节　玻　璃　模

玻璃是一种非结晶无机物，透明，坚硬，具有良好的耐蚀、耐热和电学光学特性，能用多种加工方法制成各种形状的制件，特别是其原料丰富、价格低廉，因此获得了广泛的应用。

一、玻璃种类及成型特点

玻璃是由石英砂、纯碱、长石及石灰石等原料在 1550～1600℃ 高温下熔融、澄清、匀化、冷却而成。如在玻璃中加入某些金属氧化物、化合物或经过特殊工艺处理，还可制得具有各种不同特性的特种玻璃。

玻璃的种类很多，按其化学成分来分有钠钙玻璃、铝镁玻璃、钾玻璃、硼硅玻璃、铅玻璃和石英玻璃等；按其加工工艺来分有普通平板玻璃、浮法玻璃、吸热玻璃、钢化玻璃、磨砂玻璃、夹丝玻璃等；按产品用途分有光学玻璃、工业玻璃、药用玻璃、器皿玻璃、瓶罐玻璃等。

玻璃成型，是指将熔化的玻璃转变为具有一定几何形状制件的过程。熔融玻璃在可塑状态下的成型过程与玻璃液粘度、固化速度、硬化速度及表面张力等要素有关。玻璃成型特点如下：

1）玻璃成型温度范围选择与粘度-温度曲线有关。在较高温度范围内，粘度的增长速度较缓慢，随着温度降低，粘度呈指数曲线增加，整个粘度-温度曲线呈弯曲状。玻璃成型范围一般选择在曲线的弯曲部分，即温度在 650～1350℃ 之间。

2）玻璃液的固化温度是确定成型方法的主要依据。固化速度与玻璃组成关系较密切，固化速度较慢，可延长操作时间，适宜于生产形状复杂的制件；当需加速成型速度，提高生产率时，就希望制件尽快固化，以避免变形，这时就可通过调整玻璃组成使固化速度变快。

3）硬化速度、表面张力在玻璃成型过程中起着重要作用。玻璃粘度与时间的关系称之为玻璃硬化速度，可以通过调节玻璃组成与周围冷却介质来获得所需制件硬化速度。表面张力在人工吹制与压制时，可使条料或滴料达到一定形状。可塑状态的玻璃借助于表面张力在制件热加工时使边缘部分收缩呈圆弧，减少制件的加工应力。由此可见，粘度与温度关系决定了玻璃成型温度范围。固化速度决定了玻璃成型中各个操作工序延续时间，硬化速度则决定了玻璃的成型速度、冷却介质与冷却温度。

二、玻璃成型方法与工艺过程

玻璃成型方法，从生产方面，可分为人工成型和机械成型；从加工方面，可分为压制法、吹制法、拉制法、压延法、浇铸法和烧结法。

（1）压制法　压制法是将有塑性的玻璃熔料放入模具受压力作用面成型的方法，能生产多种多样的空心或实心制件，如玻璃砖、透镜、水杯等。如图 11-11 所示，压制所用模具由冲头 1、口模 2 和凹模 3 组成。先加料，后压制，取出制件送入后续工序。

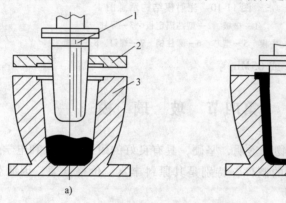

图 11-11　压制成型示意图

a）加料　b）压制成型

1—冲头　2—口模　3—凹模

压制法的特点是制件形状比较精确，能压出外表面花纹，工艺简便，生产率较高，但压制法的应用范围有一定限制。首先，压制件的内腔形状应能够使冲头从中取出，因此，内腔不能向下扩大，同时内腔侧壁上下不能有凸、凹部位。其次，由于薄层的玻璃液与模具接触会因冷却而失去流动性，因此，压制法不能生产薄壁和沿压制方向较长的制件。另外，压制件表面不光滑，常有斑点和模缝。

（2）吹制法　吹制法又分为压—吹法和吹—吹法。压—吹法是先用压制的方法制成制件的口部和雏形，然后移入成型模中吹成制件。图 11-12 是利用压—吹法生产广口瓶。先把熔态玻璃料加入雏形模 4 中，接着冲头 1 压下，然后将口模 2 和雏形一起移入成型模 6 中，放下吹气头 5，用压缩空气将雏形吹制成型。由于口模和成型模均由两瓣组成，并由铰链 3 相连。成型后打开口模和成型模，取出制件，送去退火。

吹—吹法是先在带有口模的雏形模中制成口部和吹成雏形，再将雏形移入成型模中吹成制件，主要用于生产小口瓶等制件。

（3）拉制法　拉制法主要用于玻璃管、棒、平板玻璃和玻璃纤维等生产。

（4）压延法　压延法是将玻璃料液倒在浇铸台的金属板上，然后用金属辊压延，使之变为平板，然后送去退火。它主要用于平板玻璃、刻花玻璃、夹金属丝玻璃的制造。

（5）浇铸法　浇铸法又分普通浇铸和离心浇铸。普通浇铸法就是将熔好的玻璃液注入

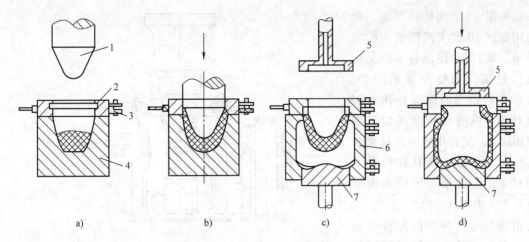

图 11-12　压—吹广口瓶示意图

a）加料　b）压制　c）移入成型模　d）吹成型

1—冲头　2—口模　3—铰链　4—雏形模

5—吹气头　6—成型模　7—底板

模型或铸铁平台上，冷却后取出退火并适当加工，即成制件。它常用于建筑用装饰品、艺术雕刻等玻璃生产中。

离心浇铸是将熔好的玻璃液注入高速旋转的模型中。由于离心力作用，使玻璃液体紧贴到模型壁上。直到玻璃冷却硬化为止。离心浇铸成型的制件，壁厚对称均匀，常用于大直径玻璃器皿的生产。

（6）烧结法　烧结法是将粉末烧结成型，用于制造特种制件以及不宜用熔融态玻璃液成型的制件。这种成型法又可分为干压法、注浆法和用泡沫剂制造泡沫玻璃。

三、玻璃模分类及模具结构

1. 玻璃模的分类

玻璃制件成型方法很多，模具种类也很多。按成型方法可分为：压模，压—吹模和吹—吹模。按成型阶段可分为初型模、成型模。按生产方式可分为人工用模、半自动用模和自动成型机用模。

2. 典型模具结构

（1）人工吹制玻璃用模具　人工吹制的玻璃制件，一般形状简单，对尺寸和形状精度无特殊要求。人工吹制时，用玻璃吹管挑取玻璃料液，同时向管内吹气。制成椭圆形状料泡，放入开启着的模具内，然后人工关闭模具，待料泡伸长触及模底时，再次向料泡吹气，直至得到最终形状，然后用冷割或敲击的方法使制件与吹管分离。这种方法所用模具无须特别精密，可用灰铸铁、塑料或木料制造。由于生产率低，这种方法除在特殊情况（如玻璃花等艺术品）还有保留，大多已很少采用。

（2）半自动生产用压模　虽然自动化生产的玻璃制件品种不断增多，但一些形状复杂的并带有花纹的制件，还需手动开模，实现半自动生产。半自动生产用压模，一般由两部分（俗称两瓣模）或三部分、甚至四部分组成，各部分制件也可用铰链连接。压模可借助人手开启和闭合。这种半自动压模，既可用于制造普通玻璃制件，也可用于制造水晶玻璃制件。图 11-13 为高脚酒杯半自动压模结构示意图。

夹钳 1、2 用铸铁制造，分别用螺钉 10 紧夹两瓣模 7 的各一半，螺钉 10 尾部有一段无螺纹圆柱面，和模身紧紧配合，这样夹钳锁紧时能保持两个瓣模对齐。模底板 9 既固定了固定模底 8，又有压紧两瓣模模身的作用，保证了模具在机台上的对中。铰链轴 4 紧固在模底板 9 上，并且外面套上套筒 3。夹钳按与套筒外圆的配合镗孔后，套入铰链中，保证两瓣模在开启以及闭合时垂直和水平方向不发生歪斜。锁紧装置 13 上有锥形突起，利用把手 12 带动扳手 11 使锁紧装置 13 转动朝上，再推开把手 12 及手柄 14，两瓣模即沿铰链转动而打开。取出制件后，先利用把手 12 及手柄 14 把两瓣模沿铰链转动而闭合，然后利用把手 12 带动 11 使锁紧装置 13 转动朝下，锁紧模身。放入熔融状态玻璃料，再放入压制环 6。随着冲头 5 下降，因压制环 6 有内坡口，能压紧两瓣模起紧固作用。

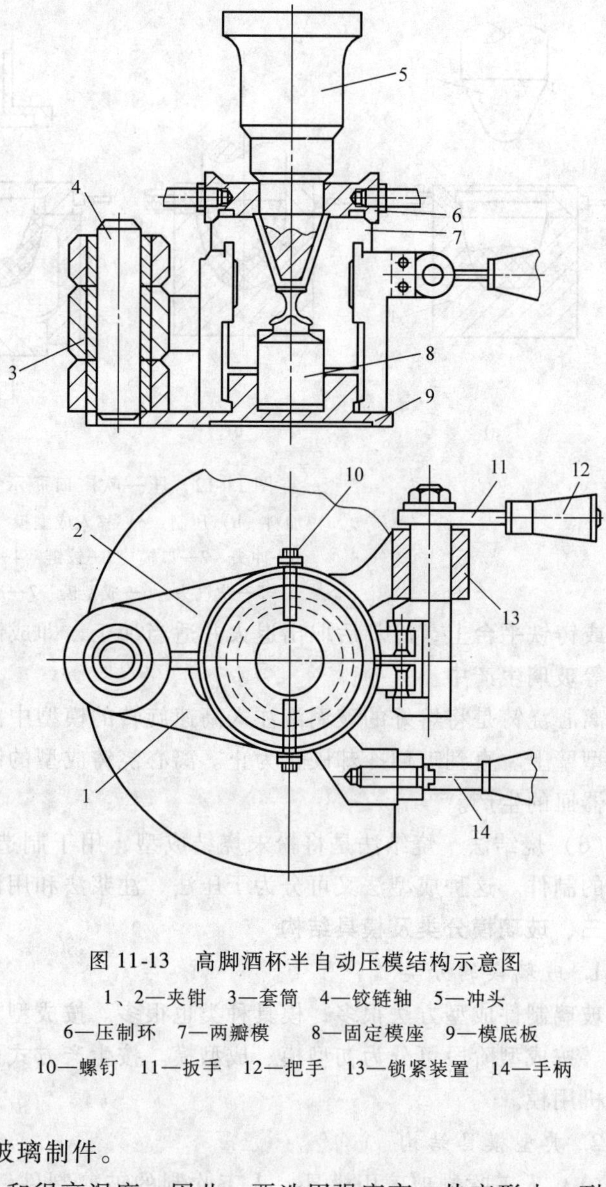

图 11-13 高脚酒杯半自动压模结构示意图
1、2—夹钳 3—套筒 4—铰链轴 5—冲头
6—压制环 7—两瓣模 8—固定模座 9—模底板
10—螺钉 11—扳手 12—把手 13—锁紧装置 14—手柄

这种结构压制模也可用于压制高度不超过 100mm 的其他各种玻璃制件。

玻璃模在生产中承受很大的压力和很高温度，因此，要选用强度高、热变形小、耐热性能好的材料制造。它通常采用耐热合金钢，如 3Cr13、4Cr5MoSiV、3Cr13MoV、5CrNiMo 等，有时也可采用合金铸铁。

思考与练习题

11-1 简述压铸成型的成型过程和特点。

11-2 为了满足压铸件的使用要求，保证压铸件质量，对压铸合金有哪些要求？

11-3 说出图 11-1 压铸模具中各个零件的作用。

11-4 简述锻造成型的成型过程和特点。

11-5 比较说明各种锻造成型模具的结构特点和应用。

11-6 橡胶成型有哪些工艺特点？

11-7　比较说明三种橡胶模具的结构特点。

11-8　玻璃成型有哪些特点？

11-9　简述玻璃成型的成型过程。

11-10　说出图 11-13 中各个零件的主要作用。

参 考 文 献

[1]　翁其金．冲压工艺与冲模设计［M］．北京：机械工业出版社，2002．

[2]　徐政坤．冲压模具设计与制造［M］．北京：化学工业出版社，2003．

[3]　肖景容，姜奎华．冲压工艺学［M］．北京：机械工业出版社，2002．

[4]　汤忠义．冲压模具设计［M］．北京：中国劳动社会保障出版社，2004．

[5]　徐政坤．冲压模具及设备［M］．北京：机械工业出版社，2006．

[6]　翁其金．塑料模塑工艺与塑料模设计［M］．北京：机械工业出版社，1999．

[7]　章飞．型腔模具设计与制造［M］．北京：化学工业出版社，2003．

[8]　夏江梅．塑料成型模具与设备［M］．北京：机械工业出版社，2006．

[9]　高鸿庭．模具制造工（中级）［M］．北京：中国劳动社会保障出版社，2004．

[10]　模具制造手册编写组．模具制造手册［M］．北京：机械工业出版社，1996．

[11]　李云程．模具制造工艺学［M］．北京：机械工业出版社，2000．

[12]　郭铁良．模具制造工艺学［M］．北京：高等教育出版社，2002．

[13]　甄瑞麟．模具制造技术［M］．北京：机械工业出版社，2006．

[14]　王敏杰，宋满仓．模具制造技术［M］．北京：电子工业出版社，2004．

[15]　殷铖，王明哲．模具钳工技术与实训［M］．北京：机械工业出版社，2006．

[16]　陈剑鹤．模具设计基础［M］．北京：机械工业出版社，2003．

[17]　徐炜炯．模具设计［M］．北京：中国轻工业出版社，2005．

[18]　王树勋，苏树珊．模具实用技术设计综合手册［M］．广州：华南理工大学出版社，2003．

[19]　董峨．压铸模锻模及其他模具［M］．北京：机械工业出版社，1998．

[20]　范建蓓．压铸模与其他模具［M］．北京：机械工业出版社，2006．